成就
坚强的自己

CHENGJIU JIANQIANG DE ZIJI

王济帆◎编著

中国纺织出版社有限公司

内 容 提 要

一个人只有做到内心强大，才能无所畏惧，无论发生什么事，都能内心平静如水，才能以坚定的内心，心无旁骛，坚定不移地做好自己的事、走好脚下的路、努力向前，才能成为人生赢家，才能收获成功、把握幸福。

这是一本帮助我们锤炼内心的励志读物。本书语言轻松活泼、内容平实，它旨在教会我们学会自立自强、戒骄戒躁，寻找幸福生活的真谛。全书深入浅出地给我们讲述了如何成为内心强大的人，帮助我们获得幸福的人生。阅读本书，相信对读者朋友们会有所帮助。

图书在版编目（CIP）数据

成就坚强的自己 / 王济帆编著. --北京：中国纺织出版社有限公司，2023.1

ISBN 978-7-5180-9349-6

Ⅰ. ①成… Ⅱ. ①王… Ⅲ. ①成功心理—通俗读物 Ⅳ. ①B848.4-49

中国版本图书馆CIP数据核字（2022）第030890号

责任编辑：闫　星　　责任校对：高　涵　　责任印制：储志伟

中国纺织出版社有限公司出版发行

地址：北京市朝阳区百子湾东里A407号楼　邮政编码：100124

销售电话：010—67004422　传真：010—87155801

http://www.c-textilep.com

中国纺织出版社天猫旗舰店

官方微博 http://weibo.com/2119887771

三河市延风印装有限公司印刷　　各地新华书店经销

2023年1月第1版第1次印刷

开本：880×1230　1/32　印张：7.25

字数：108千字　定价：45.00元

前言

生活中的你，是否经常听到周围的人这样抱怨人生：为什么我这么努力，却还是一无所有？为什么我总是受到不公平的待遇？为什么没有人看得起我？为什么别人这么幸福？为什么我事事不如别人……这些人总是在自怨自艾，总是在抱怨，他们什么都想要，但却什么也没得到，而他们人生中的各种关系——职场关系、亲密关系等也凌乱如麻。他们虽怀揣梦想，却被时代裹挟，因此，他们总是被一种无力感笼罩着。

其实，这些人之所以有这样的怨言，是因为他们内心脆弱。他们容易被糟糕的情绪掌控，他们暴躁易怒，会因为周遭的事物而心力交瘁。在他们看来，生活处处是风浪，再小的事，都会被无限放大。一个内心不强大的人，心中永远缺乏安全感。不够强大，意味着很容易受到外界的影响，通常表现为：要么特别在意别人的看法，要么活在他人的眼目口舌之中，从而失去独立的判断能力，变得摇摆不定和坐立不安。对于这些人来说，他们从未感受到幸福。

相反，那些内心坚强的人，他们都有一颗强大的内心，他们总是无所畏惧，总是能专注于脚下的路。在他们追求幸福和成功的道路上，虽然也会遇到他人的非议、怀疑甚至是攻击，但无论遇到什么，他们都会听从内心的声音、坚持自己的信念、注重心灵的充盈。他们勇往直前，从不畏惧，而正是这样专注的精神，让他们免于忧虑和痛苦，他们能感知到真正的幸福。

可见，无论是面对生活，还是追求人生目标，都需要一颗坚强、坚韧的心。哲人说，强大的人不是征服什么，而是能承受什么。可以说，征服自己是练就强大心灵的前提，要征服自己，你先要打破自己的偏见、固执、懒惰，打败自己内心的自我限制，然后磨炼自己，让自己拥有平和的心灵、宽阔的胸怀和坚忍的毅力。如此，你就会觉得自己比原来升华了，冲出了自己设置的藩篱，从而触摸到幸福。

你是否需要一本帮你重启心灵之门的智慧之书呢?

本书就是这样一本帮我们锤炼内心的书，它能帮助我们从绝望中寻找希望和方向，帮助我们更加透彻地了解自己，找到自己的不足，挖掘我们的自信。它告诉我们，绝不可以向脆弱的自己投降，要以积极的心态、坚定的信念做人做事。这样，无论你的人生路上发生了什么，你都能拍掉身上的尘土，继续前进!

编著者

2021年11月

目录

第一章

克服恐惧，前方的路你必须勇敢面对

人生之中，有些弯路是必须走的

随着年岁一天天增长，我们的经验和阅历也越来越丰富。这时，我们也许会突然意识到，原来父母曾经对我们的叮咛都是那么可贵。遗憾的是，当初年少无知的我们没有把这份爱的叮咛放在心上，而是将其作为无用的唠叨置之脑后。直到我们也到了父母的年纪，才恍然大悟：这么深刻的道理一定要提前告诉孩子，避免他们走弯路！等到真正成了父母，我们才发现孩子和年轻时的我们犯着同样的毛病，即把父母满怀好意的经验之谈当成毫无用处的唠叨。一代又一代，我们就这么走着弯路。其实，这是人生必然的经历。很多事情，如果不涉及原则性问题，我们应该给予自己一定的空间。人们常常用“不撞南墙不回头”来形容那些不接受别人善意意见的人。实际上，这个问题在很多人身上都有。对于那些不会酿成严重后果的事情，我们不妨少说一些，不管是对子女也好，还是对自己也好，有的时候，切身的经验和体会是比别人的任何说教都醍醐灌顶的。有些弯路是必须走的，我们无须恐惧，只需要坦然面对即可。

美国教育学家杜威提出了“从做中学”的教育理念，他提倡父母、老师不要一味地教授孩子现成的知识，而要引导孩子去体验。有些错误，即使父母师长警告了一百遍，孩子依然会凭着好奇心去尝试，而假如让孩子亲身体验一次，他也许就再也不会犯同样的错误了。其实，“从做中学”的教育理念不仅适用于孩子的教育问题，也同样适用于成人社会。很多时候，我们为自己没有听取其他人的劝告犯下错误而追悔莫及，却不知道，自己从实践中摸索出来的经验是更为可贵的。人生没有捷径，很多事情，不去尝试，你就不知道结果如何。所以说，人生的很多弯路是必须走的。就像爬山，在山脚下的时候，我们多么希望有一条天梯能够直达山顶，然而，我们满眼望去都是荆棘，这使我们必须在摸索中流泪流血前进。直到抵达山顶之后，从山顶往下看，我们才发现原来真的是有捷径的，只不过这个捷径是我们自己踏出来的。不要因为那些曾经的失败和痛苦而懊丧，要知道，你之所以能够成长为今天的你，就是因为那些曾经的经历。每个人的成长都不是一蹴而就的，每个人之所以能够拥有今天，都是因为他们曾经因为走弯路磨破了脚掌，因为走错了撞得头破血流，因为哭过所以才知道笑的幸福。

进入公司后，初生牛犊的他，天不怕、地不怕。当然，他之所以如此有胆识、有气魄，很大原因是他的爸爸是这家公司的董事长。对于他，爸爸没有提出过高的要求，只是让他像一名普通员工一样就可以了。因此，他卸下了心里所有的负担，每天朝九晚五，和大多数同事一样从事着最普通的工作。

后来，他凭借自己的努力进入公司的销售部门，并且在几年打拼之后成为销售部的主任。一次偶然的机会，他得知公司在甘肃那边没有设立分销点，因此主动请缨，要求去甘肃拓展市场。尽管他的顶头上司并不赞同，但他还是做出了大量的努力，并且直接越级请示了爸爸。出乎他的意料，爸爸同意了。就这样，踌躇满志的他带着一班人马赶赴甘肃，想在那里大展拳脚。结果，一个月过去了，两个月过去了……半年过去了，他们的工作毫无起色。他不得不回到公司述职，总结自己失败的经验和教训。此时此刻，他当然已经知道顶头上司说的反对理由都是成立的，而且很现实，因此他深刻地反省了自己，说自己的决策失误给公司带来了很大的损失。对此，爸爸只是淡淡地说："我早就知道会是这个结果，因为你犯的错误，公司的前辈也曾经犯过。"他很惊愕，问爸爸："那您为什么不拦着我呢？！"爸爸笑着说："我为什么要拦着你？我拦着你，你会听吗？现在这样不是挺好，你以自己的切身经历给自己上了一课，这比别人说什么都强。"

果然，在职业生涯中，经历这次挫折之后，他迅速地成长和成熟起来，成为爸爸理所当然的接班人。

假如爸爸拦着他，他会改变主意吗？即使改变了主意，也是心不甘、情不愿的；如果不改变主意，结果将会依然如此。事例中的爸爸很聪明，他没有阻拦自己的儿子，而是让他自己去走弯路，去成长和成熟。

人生之中，有些弯路是不必走的，如前人留下来的经过验证的科学文化知识等，我们只需要理解、消化和应用就可以了。然而，有些弯路是必须走的，如人生的经验和阅历等，我们必须亲自去实践，如此，我们的人生才会更加丰富。

遭遇困境时必须首先自救

人生难得一帆风顺，大多数人都要面临命运的坎坷和挫折。每当遭遇困境时，常常有朋友会把希望寄托在他人身上，希望他人能够拯救自己。甚至他们自身根本不会想办法解决难题，而是一味地寻求帮助。常言道，自助者，天助之。这句话告诉我们，一个人在遭遇困境时首先必须自救，这样才能得到命运的垂怜，使悲惨的命运得到转机。与此恰恰相反，假如一个人在遭遇困境时总是一味地求助于他人，自己丝毫没有试图努力改变命运，最终一定难以摆脱厄运，甚至陷入更深的泥泞之中，无法自拔。

归根结底，每个人的救世主就是自己。假如依赖成为习惯，人们在遇到任何问题时都第一时间想到别人的援助，那么最终只会丧失斗志，也不再有独立自主的精神。要知道，别人的慷慨帮助也许能够帮助我们暂时摆脱困境，但是要想拥有坚强独立的人生，我们只能依靠自己。人必须为自己找到活路，一味地依靠他人的帮助，最终只会让自己一事无成，无法承担生活中任何的压力。面对那些成功的人，我们应该扪心自问：

我们并不比他们差，为何就不能凭借自身的努力获得成功呢？很多时候，那些成功人士经历坎坷，人生也并不如我们平顺，但是他们却能成功逆袭，最终获得成功的人生，就是因为他们找到了自己的活路，拯救自己于命运的深渊。

在美国，亨利香肠得到了很多人的认可和喜爱，它的发明者亨利也因此名满天下。其实，亨利发明这种香肠的背后还有一段关于生命逆境的故事。

年轻体壮的亨利曾经在农场工作，尽管当时他的生活很贫困，但是因为他对待工作勤勉认真，也得到了老板的认可和赏识，所以生活还算幸福。然而，一次意外事故使亨利瘫痪了，从此之后他只能坐在床上，什么事情也做不了。面对如此沉重的打击，亨利根本无法接受，每天除了痛哭流涕，就是抱怨连天。所有的亲戚朋友都以为他的人生彻底毁了。一次偶然的机会，妈妈鼓励亨利："亲爱的，我不想让你在对命运的抱怨中度过下半生。你要知道，你的厄运无法改变，然而即便如此，你也依然能够操控自己的命运。只要你愿意，你完全就可以改变现状。"妈妈的话让亨利陷入了沉思，的确，他还这么年轻，难道要就此沉沦下去吗？思来想去，亨利决定改变："虽然我不能走路了，但是我还能思考，双手也灵活自如。"想到这里，亨利不再怨声载道，而是满怀希望地面对每一个崭新的今天。他的积极乐观，也让家人对他再次充满信心。经过数十天的深入思考，亨利终于想出了一个好办法："我们何不成立一家香肠加工厂呢！我们可以用自己种植的玉米喂猪，提升猪肉的品质，然后再趁着猪肉鲜美时将其加工成香肠，还可以生产玉米味道的香肠，也许能够打开销路呢！”果不其然，亨利香肠问世之后得到了大家的一致喜爱，很多人甚至慕名而来购买香肠。从此之后，亨利的命运也彻底改变了，他成为了成功的创业者，不但改变了自身的命运，也扭转了家庭贫困的局面。

假如命运为你关闭了一扇门，它一定会为你打开一扇窗。面对残酷的命运，亨利原本心如死灰，也不知道人生的方向在哪里。幸好妈妈的话鼓励了他，让他再次对生活燃起希望。即便命运最终没有给予我们最好的安排，我们依靠自身的努力也能够最大限度地提升自己，如此一来，我们不再是只能接受命运摆弄的棋子，而变成了会飞的棋子，可以自己决定命运。

常言道，天无绝人之路，很多情况下生活看似逼迫我们进入绝境， 实际上只要我们心怀希望，始终不放弃努力，就一定能够翻越人生的火焰山，让自己的命运发生大逆转。冬天已经来了，春天还会远吗？人生不可能永远都是坦途，更不会永远都是逆境，只要我们坚持不懈，不放弃努力，就一定能够扼住命运的咽喉，成为命运的主宰。

拥有强大的内心，才能掌握自己的人生

人人都喜欢璀璨夺目的珍珠，也希望自己的人生如同珍珠一样光芒四射。如果给你一个选择，让你决定自己是当沙子还是珍珠，相信你一定会毫不犹豫地选择后者。的确，沙子很普通，随处可见，而且并没有太高的价值，而珍珠却与沙子截然不同，它圆润光滑，散发出光泽，且价值昂贵。我们完全有理由相信每一个人都愿意成为珍珠。但是现实生活中真正能够成为珍珠的沙子却少之又少。这是因为要想从一粒沙子变成珍珠，必须要经历漫长的过程，也要经历很多磨难。

每一粒沙子在变成珍珠之前，都要在珠母的分泌物中忍受漫长的、无边无际的黑暗。在珠母的分泌物中，沙子不断受到侵蚀，却要始终坚强隐忍，忍受痛苦和孤独。越是价值昂贵的珍珠，越是要经历更长时间的孕育。对于人而言，同样如此，一个人从平凡普通到璀璨夺目，也必然要经历无数的挫折和磨难，也要拥有顽强的毅力和坚定不移的决心。所以朋友们，不要再羡慕珍珠的璀璨夺目，也不要羡慕成功人士身上的光环。唯有做好准备迎接一切磨难，你们才能真正迈出从沙子到珍珠的第一步。

很久以前，有一粒沙子在沙滩上生活。他每天都能享受阳光的照射和河水温柔的抚摸，但是他也要承受被无数的游人不断践踏的痛苦。他经常感到心有不甘，他觉得自己的人生应该

有别样的面貌，而不是永远只能作为一粒普通的沙子。

一天，一对年轻的情侣坐在沙子身边交谈。漂亮的女孩戴着璀璨夺目的珍珠项链，男孩突然问女孩："你知道珍珠是如何孕育出来的吗？"女孩摇摇头，说："不知道"。男孩告诉女孩："珍珠就是由我们现在踩着的沙子孕育出来的。如果一粒沙子能够进入河蚌的身体里，那么在河蚌的分泌物的包裹下，经历漫长的时间之后，这粒沙子就会变成璀璨夺目的珍珠。"那粒心有不甘的沙子恰巧听到了这段对话，他似乎看到了人生的希望，变得兴奋不已。他当即决定：只要有机会，就一定要进入河蚌的身体，这样才可能变成一粒光华夺目的珍珠。

得知这粒沙子的梦想之后，其他沙粒纷纷劝说他不要这么疯狂。沙粒们对这粒沙子说："进入河蚌的身体之后，你再也见不到阳光，无法被雨水滋润，你甚至看不到皎洁的月亮，也呼吸不到新鲜的空气。而且，这可不是一个短暂的过程，至少要经历几年的时间，你难道不觉得这就像是自杀一样疯狂吗？"那粒沙子从未改变自己的想法，终于有一天，他被一个游泳的人带入了河底，遇到了河蚌。趁着河蚌张开嘴的机会，他顺着水流进入了河蚌的身体。若干年过去了，河蚌打开身体，沙子惊讶地发现自己已经从一粒普通的白沙变成了一颗价值连城的珍珠。当年那些曾经笑话他太疯狂的沙子，有的依然安静地躺在沙滩上，在游人的踩踏下生活；有的却已经化为尘土，消失得无影无踪了。

知道沙子变成珍珠的漫长过程，你还想从沙子变成珍珠吗？如果想要做到这一点，你就要让自己的心灵变得强大，要对自己高标准、严要求，不断地超越和挑战自己，从而在痛苦和磨难之中让自己华丽蜕变，凤凰涅槃。

每个人对于人生都会有不同的理解，也会做出不同的选择。我们不能说哪种选择一定是对的，哪种选择一定是错的，而要明白一件事情，就是当一个人对于自己的选择无怨无悔，那么他的选择就是正确的，也是无愧于自己的。一个人唯有拥有强大的内心，才能掌握人生。

极度的谦虚和骄傲一样使人退步

人们常说，骄傲使人落后，谦虚使人进步。因此，我们从小就戒骄戒躁，总是认为唯有谦虚，才能让我们获得更大的进步，才能让我们的人生获得更长足的发展。的确，谦虚能够帮助我们保持空杯心态，不断进取。但是，凡事皆有度，谦虚一旦过度，就会变成自卑，变得和骄傲一样阻碍我们的进步。从某种意义上说，过度的谦虚和骄傲一样使人退步。

黑格尔是德国大名鼎鼎的哲学家，他曾经说：“自卑总是和懈怠相伴而行。”从心理学的角度而言，自卑是一种性格上的缺陷，自卑者往往低估自己，缺乏自信，也因此妄自菲薄。

纵观古今中外，细心的朋友会发现，每一个成功者都充满自信，他们相信自己有能力获得成功，并且为此不懈努力，最终才真正获得成功。因而做人一定要高看自己一眼，只有摆脱自卑的泥沼，我们才能展翅翱翔。记住，谦虚和自卑永远有着本质的不同，我们可以谦虚，却不能自卑，更不要妄自菲薄，因为别人无心的评价就轻易改变自己。我们要有足够的自信，相信自己是这个世界上独一无二的个体，这样才能帮助自己成就人生，收获快乐。

大家都认为，美国女星杰西卡·阿尔芭的脸蛋非常漂亮迷人。曾有一个由美国研究人员和加拿大研究人员共同组成的研究团队，经过精确计算，证实杰西卡·阿尔芭的面孔的确符合人脸黄金比例的要求。不过，最近杰西卡·阿尔芭非常苦恼。原来，有个女孩因为男友的要求，居然在社交网络上发帖，声称自己要按照杰西卡·阿尔芭的模样整容。

对于这个女孩的疯狂举动，阿尔芭在公开场合进行了回应。阿尔芭真诚地劝说女孩："假如一个男人真地爱你，他绝不会因为对你的长相不满意，就要求你整容。至于我自己，永远也不会希望改变自己的模样。"

阿尔芭说得很对，假如一个男人真的喜欢自己的女友，那么他一定不会要求女友把容貌变得和另外一个人完全一样。况且，在恋爱关系中，讲究的是平等和真爱。在任何情况下，我们都不能因为爱一个人，就把自己低到尘埃里，变得毫无原则。

古人云，身体发肤，受之父母。每个人都要珍惜父母给予我们的天然容貌，不要为了追寻所谓的美丽，更不要为了挽回爱人的心，做出荒唐的举动。在这个世界上，每个人都是独一无二的个体，每个人都有自己与众不同的脾气秉性，性格爱好。我们唯有更爱自己，才能做到拥抱和珍惜生命。其实，对于任何人而言，坚持自我、高看自己一眼，都是难能可贵的品质。在从众之风盛行的今天，有个性的人越来越少。若我们变得和他人一样，我们还有什么存在的意义呢！一个人不管是在生活中还是在工作中，也不管面对怎样的人和事，都要做到坚持自己。

举世闻名的笑星卓别林在荧幕上给无数人带来快乐。可是，卓别林刚刚开始从事演艺事业时，也很喜欢模仿他人，他总是模仿其他的笑星，但是最终毫无所成。广大观众希望从荧幕上看到与众不同的表演，而不只是看到盲目的模仿。意识到这一点之后，卓别林不再模仿那些成功的喜剧演员，而是发掘自己的特点，让观众朋友们在荧幕上看到与众不同的自己。最终，他走出了自己独特的演艺道路，也真正最大限度地发挥了自己的才能。我们要坚持自己，也要高看自己，不要盲目地模仿他人，更不要毫无原则和底线地改变自己，这样我们才能拥有与众不同的独特人生。做自己，这是我们最重要的人生目标。

全力以赴，永不屈服

每个人都是人生旅程中的过客。正因为如此，有人努力地活着，觉得生命短暂，不能错过，让人生精彩而又充实；而有人则恰恰相反，他们觉得自己哪怕活得精彩，最终也只会走向死亡，因而他们总是投机取巧、蒙混过关。不得不说，生命对于每个人而言都有不同的意义，要想让自己的人生充实而有意义，那么，我们就要把生命中的每一分每一秒都充分利用起来。难道因为人是向死而生，就忽略了生命的整个过程吗？当然不可以。对于任何生命而言，最重要的是生命的过程，而不是生命的结果。只有怀着对生命正确的心态，我们才能努力安心地把事情做到最好。否则，我们又如何能够成为人生中永不屈服的强者呢？

真正的强者不管做什么事情都满怀热情、全心投入，他们是真正有信仰的人，对于人生总是充满全力以赴的斗志。相反的，很多人对待自己的生命总是漫不经心，在他们眼中，那些努力生活的人是不折不扣的傻瓜。如今的职场上，总是有很多人对待工作三心二意，他们每天工作的目的就是熬过从早上九点到下午五点的时间，绞尽脑汁让自己轻松地度过工作时间，少做一些工作。殊不知，既然每天都要上班，为何不充实地度过工作的每一天呢？这样一来，至少可以提升和充实自己，让自己有更多的资本、丰富人生的阅历。就像人们常说的，既然哭着也是一天，笑着也是一天，为何不笑着度过人生中的每一天呢？我们也要说，既然空虚度过也是一天，充实度过也是一天，我们为何要自欺欺人呢？很多职场人士都觉得哪怕多做一点点工作都是对自己的不公，实际上这种观点是错误的。没有任何人不需要努力就能获得成功，人生正在于点点滴滴积累的过程。我们不能因为生命的过程是向死而生就彻底忽略了过程而直奔死亡的主题。既然如此，人还有什么存在的意义呢？对于每一段生命而言，最重要的是生命的过程，就像旅行的目的并不是直奔目的地，而是在过程中欣赏沿途的风景，生命应该缓慢而又用心地度过。

金钱和物质最终只能留在这个世界上。一个人哪怕拥有得再多，在离开世界上的时候也必然和来到这个世界时一样两手空空。实际上对于每个人而言，人生真正能拥有的是那些幸福美好和值得怀念的感受。唯有拥有这些感受，人生才不是空洞的行走，每个人也不枉来到世界上走一遭。

刘芸是一个非常努力、认真生活的人，她对生活认真的程度简直超乎想象。大多数同学也许在上课的日子里会早起十分钟背一背英语单词，但是刘芸从进入大学的第一天开始，就雷打不动地每天早晨五点半起床背单词，六点半开始跑步。等到同学们七点做早操的时候，她已经度过了非常充实而有意义的一个半小时。也正是因为这一个半小时的坚持，刘芸在大学期间就顺利通过了英语八级考试。在大学毕业时，当同学们都在为找工作而烦恼的时候，刘芸轻轻松松进入了一家大企业，成为一名翻译人员。

很多同学都羡慕刘芸一毕业就成为白领，但是刘芸并没有因此而放松对自己的要求。周末的时候，大多数同学都会聚在一起吃喝玩乐，而刘芸却为自己报名参加了商务英语的培训班。同学们都感到很不解，想不明白刘芸的英语都已经过了八级了，应付工作已绰绰有余，为何还要去参加商务英语的培训班呢？殊不知，刘芸不但学习书面商务英语，而且还参加了英语口语的提高班。常言道，机会总属于有准备的人。果不其然，两年之后，刘芸所在的公司因为与外企合作，需要派出驻外人员。可想而知英语八级、受过专业商务英语培训和口语训练的刘芸，顺理成章地被派到美国去驻守。从此之后，她的薪水更高、视野更广。同学们与刘芸的差距越来越大，她似乎站在高山之巅，看着同学们在山脚下或者在半山腰苦苦挣扎。

事例中的刘芸并非有什么独特的天赋，她之所以能够改变自己的命运，成功地爬到人生的巅峰，就是因为她的坚持。她对人生的态度，努力得近乎固执。她从不因为身边的人在享乐就放松自己，麻痹自己。她有自己的主意和想法，她坚信自己所做的一切都是有意义的。她做好了所有的准备，所以才能在最关键的时刻抓住千载难逢的机会。不得不说，刘芸是人生中真正的强者，她把每一件事情都做到极致，而不是仅仅要求自己做过某件事情。她更在乎事情的过程和结果，她为了奔向美好的目的地，总是坚持不懈地奔跑。面对刘芸的成功，相信每一位了解她的同学都会对她心服口服，佩服得五体投地。

很多人总是轻而易举就屈服，尤其是遭到失败的时候，他们更是怀疑自己，甚至质疑自己的能力。相比他们，那些成功者之所以能够获得成功，并非得到了命运的青睐，或者有得天独厚的条件。相反，成功者有可能遭遇更多的磨难，而他们之所以最终能够到达人生的目的地，是因为成功者拥有永不放弃的精神和勇敢无畏的心。要想成为人生中真正的强者，我们也要这样勇敢强大，坚持不懈。

成全自己，就是不断超越和战胜自己

每个人或多或少都有自己的人生规划，然而，所谓计划不如变化快，大多数人都无法完全实现自己的计划，而只能根据生活随时随地的变化，及时调整计划。面对生活中突如其来的变故，大多数人都会采取拖延的态度，总是等到不能再拖延的时候才真正展开行动。实际上，如果人生陷于等待，那么恰到好处的时刻永远不会到来。每个人要想拥有充实而又成功的人生，就必须学会成全自己。记住，再美好的空想，如果不付诸行动，也是毫无意义的。这个世界上根本没有从天而降的成功，每个人要想在人生中有所收获，就必须依靠双手努力去创造和改变生活。也许在最初的时候，你做的并不能让自己满意，但是随着时间的流逝，你会从生疏到熟练，从不会到学会，这才是真正的成长和进步。

成全自己的过程，实际上是不断超越和战胜自己的过程。要想成全自己，前提是要有成熟的心态。所谓成熟的心态，特点就是积极乐观，心态稳定，理智平静。很多人在面对人生中的诸多变化时，总是陷入焦躁不安，甚至因为人生遭遇失败就一蹶不振。不得不说，这样的人是没有机会成全自己的，因为他们在事情还没有真正得到解决之前，就已经先放弃了，就像一个泄了气的气球一样，如何还能飞到天上去呢？人们常说："树活一张皮，人争一口气。"的确，哪怕对于现代人而言，也需要精神上的支撑，活出自己的气势，才能主宰命运。

很多人会把人生的希望寄托在他人身上，殊不知，每个人都是自己的希望所在，也是自己的上帝。一个人要想成全自己，就只能依靠自己，毕竟每个人都是人生的主宰者，也是人生的承受者。不管人生中发生好的事情，还是发生坏的事情，他们都要靠着自己努力解决问题，战胜艰难坎坷的境遇。

作为一个袖珍女孩，玛丽的身高不足七十厘米。在与朋友们一起玩耍时，她总是受到各种无情的嘲讽，甚至是残酷的捉弄。有的朋友曾经扬言要用两个手指头捏扁她，还有的朋友故意把玩具放到高处，使她无法拿到。这让玛丽不愿意再和朋友们相处，也让她稚嫩的心灵受到了深深的伤害。她为此不知道哭了多少次，也曾向妈妈求助，而妈妈总是以最好的方式帮她鼓起信心和勇气。

这一天，玛丽又哭着回到家里，向妈妈诉说她遭受到的不公正待遇。妈妈从水果盘中拿出两个大小不同的苹果，然后将它们切开给玛丽品尝味道。玛丽先吃了大苹果，她觉得味道好极了，随后她又吃了一口小苹果，她觉得小苹果似乎更甜。妈妈趁此机会告诉玛丽："就算是同一棵苹果树上结出来的苹果，也不会都是同样大小的，它们有的大有的小，但是它们的味道并不与大小成正比。有的时候，也许小苹果反而比大苹果更甜，用心的人会发现小苹果的优势。所以不要盲目地以大小作为标准去评价苹果。上帝会偏爱那些小苹果，让它们在漫长的生长过程中积蓄更多的糖分。"

妈妈的话让玛丽恍然大悟。她问妈妈："我是不是就是那个小苹果呢？"妈妈微笑着点点头说："你就是上帝偏爱的那个小苹果。虽然你的身高没有其他小朋友高，但是你依然可以获得快乐，这并不影响你享受人生。"从此之后，玛丽彻底走出自卑的阴影。在妈妈的帮助下，她学会了很多技能。她不但和正常的小朋友一样去上学，而且学习成绩非常优异，兴趣爱好也很广泛，因此博得了很多人的喜爱。

玛丽的人生并没有因为身高受到影响，她和所有正常的孩子一样快乐健康，甚至有的时候，她比那些正常的孩子更加快乐。然而，在她20岁那一年，玛丽遭遇了车祸。她全身严重骨折，在整整半年的时间里，她不得不浑身缠满绷带躺在病床上。即便如此，她也依然保持乐观的心态，坚信自己是被上帝偏爱的小苹果。因为卧病在床的日子实在是太无聊了，玛丽学会了在电脑上写作。她每天都坚持更新自己的主页，结果吸引了大量的粉丝，这些粉丝还纷纷寄出礼物送给玛丽，这些让玛丽感到人生充满了幸福和快乐。

后来，玛丽还出版了自己的书。在书中，她讲述了自己作为一个侏儒症患者在生命中的独特感悟以及看待这个世界的与众不同的视角。这本书一经问世，就得到了读者朋友们的追捧，玛丽也因此成为著名的畅销书作家。有人问玛丽为何能够在不理想的身体条件下依然乐观向上地努力生活，玛丽告诉他们："我是上帝偏爱的那个小苹果，所以我一定要有更加甜蜜美好的人生味道。"

尽管玛丽身材矮小，但是她有一颗勇敢坚强的心。我们每个人都应该向玛丽学习，哪怕遭遇人生的困厄，也应该始终满怀希望。唯有如此，我们才能主宰人生，也才能掌控命运，并且拥有强大的内心力量。记住，这是使人生圆满的唯一方法。

唯有努力奔跑，才能改变和掌控人生

如果天空中突然下起雨，你是选择马上朝着前面跑去，还是选择依然保持现在的步速？当然，如果你就是想淋雨，想在细雨中漫步，想在狂风暴雨中冲刷自己，保持缓慢的步伐是无可厚非的。但是如果你仅仅是觉得奔跑没有意义，那么你要想一想，你是否已经习惯于消极的思考态度。

的确，前面也在下雨，哪怕跑到前面，也还是在雨里。但是人生总有目的地，也会有避雨的地方，在雨中看到希望的人，会努力朝着避雨处奔跑。从心理学的角度而言，大多数慢吞吞往前走的人，或者是真淡然，或者是真消极。每个人都期望着人生与众不同，我们唯有努力奔跑，才能与人生中最美的际遇相逢。所以不要原地踏步，更不要放弃努力听天由命，只要你愿意，你可以掌控命运，也可以改变人生。

很久以前，有个年轻人特别喜欢写作。从年少时，他就以稚嫩的笔触写一些不成熟的文章，直到渐渐长大，他的文字也越来越成熟，但是每次投稿依然是相同的命运——被退稿。但是，年轻人依然笔耕不辍，从未放弃过对文字的喜爱。

十几年来，年轻人只要写出新的作品，就会给出版社投稿。渐渐地，出版社编辑都认识他的字迹了。有一天，年轻人再次收到出版社的退稿，只不过这次与往常不同，编辑在退稿里附了一封信，信里说："这么多年来，很佩服你坚持写作的毅力，不过你的稿件距离出版标准的确还有一段距离。但我惊喜地发现你的字写得越来越漂亮，而且独具一格，可否考虑向书法方向发展呢？"编辑的一番话让年轻人茅塞顿开，他开始练习书法，而且一发不可收拾，结果果然取得了非常好的成绩。后来，他水到渠成地成为了著名的书法家。

一直以来的努力，没有使年轻人如愿以偿地成为作家，却使他成为了一名书法家，虽然是无心插柳，但是成为书法家也并不影响年轻人继续写作，倒也是一个意外收获。通常情况下，人们总是预先设定自己的努力要达到怎样的目标，却不知道成功没有捷径，量的积累也未必能够换取质的飞越。诸如有人问，读多少书才能成为一位作家？写多少字，才能成为流芳千古的书法家？相信莫言一定不知道自己读了多少书才写出能够获得诺贝尔文学奖的作品，王羲之也不知道自己写了多少字才把家附近的池水染成黑色的。努力与成功之间并没有明确的界限，努力最好的状态是水到渠成，而不是苦苦追求。因而有人说，你只管努力，命运自有安排。是啊，当你努力到达一定的程度，当你遇到最合适的契机，你总能获得成功，却没有人知道这个成功的时刻何时出现。

不管做任何事情，都不要试图找到那条泾渭分明的分界线，因为这条分界线根本不存在。每个人付出努力，都想得到最好的结果，都想获得一定的收获，但是这个结果和收获却不一定存在。古人云，有心栽花花不开，无心插柳柳成荫。付出不问收获，才是最真诚和用心的付出，不管是对于身边的人，还是对于人生中的每一件事，我们都要做到尽全力。

学过数学的人都知道，两点之间，直线最短。然而，当我们走过很多路，经历过人生的很多事，才会发现两点之间很难画出直线，大多数时候只能迂回曲折，甚至还要故意绕远，才能连接两点。尤其是人生，在起点与终点之间，总是存在无限的变化，所以任何人都无法给自己的人生设定路线，而只能在有计划的情况下，根据实际情况随机应变。我们可以付出，可以坚持不懈地努力，也可以预期未来会得到的结果，但无法确定将来一定会得到什么。所以未雨绸缪当然是好的，预想也是很好的，但是一味地追求结果而忽视当下的付出和努力，因为不一定能得到理想的结果就彻底不再努力，都是完全不可取的。

成功不是一场交易，不是非要得到成功的承诺，才去努力。就算是上帝，也不可能对所有事情都完全有把握，更何况是我们呢！所以你只管努力，命运自有安排。当你的心专注于当下的事情，当你忘记成败得失，也许你才真正开始走向成功。

第二章

成就梦想，找到人生的舞台并努力绽放

无论如何，都不要丢掉信心

巴菲特尚未成功的时候，也不过是一个再普通不过的男子，然而，因为他从来不小瞧自己，他总是坚信："我始终知道我会富有，对此我不曾有一丝一毫的怀疑。"生活在这个世界，许多人都会认为自己是渺小的、容易被忽视的。他们常常会这样想：我不过就是一个小人物，又能有多大的作为呢？在这样的心理暗示下，他们变得越来越自卑，不敢相信自己，甚至否定自己的能力与学识。其实，谁不是渺小的呢？但是，我们更应该记住，即使再渺小的人和事，都有着不可替代的功用。哪怕是路边不起眼的一丛小草，它们也为这个世界增添了一抹动人的绿意。或许，它们在你眼里也是极其渺小的，甚至可以忽略不计。但是，它们对于这个世界，依然有点缀的作用。更何况我们还生存着，拥有着生命，我们对于这个世界更有着不可替代的作用。

有一天，著名的成功学家安东尼·罗宾接待了一个流浪者。那人一进门就对安东尼说："我来这里就是想见见写这本书的人。"说完，他就从口袋里掏出一本《自信心》，那本书是安东尼多年以前写的。那人十分激动地说："是上天将这本书放入我的口袋里，因为我已经决定去自杀了，我对这个世界很绝望，我看不到任何的希望。不过，当我无意中发现口袋里的这本书时， 我的内心开始发生了变化，我似乎看到了生活的希望。当我阅读这本书的时候，我就下决心一定要见见这本书的作者，我希望你可以帮助我找回以前的我。”听了流浪者的话，安东尼笑了，又是一个对自己失去信心的人。

安东尼对流浪者说：“尽管我没有办法帮助你，不过假如你愿意的话，我可以介绍你去见本大楼的一个人，他可以帮助你东山再起，重新赢回属于你的一切。”听了安东尼的话，流浪者十分紧张，他一把抓住安东尼的手，说：“那就请你带我去见那个人吧。”于是，安东尼将流浪者带到一间心理实验室，面对一块看起来像是挂在门口的窗帘布，安东尼将窗帘布拉开，露出一面高大的镜子，流浪者看到了自己，安东尼指着镜子说：“就是他，在这个世界上，只有他能够让你东山再起，你愿意坐下来好好认识他吗？假如你不愿意，那你去自杀算了，但只要你有勇气、有耐心坐下来好好认识这个人，你就会成为你想成为的那个人。”

听了安东尼的话，流浪者开始仔细打量自己，然后低下头开始哭泣起来。几天后，安东尼在街上碰到了那个人，他已经不再是一个流浪者了，而成为了西装革履的绅士。后来，那个人真的东山再起，成为芝加哥的富翁。

如果你对自己感到失望，失去了继续生活的希望，那么，能够挽救你的也只有一个人，那就是你自己。不要总希望上帝会来救赎你，也不要总认为自己被所有人抛弃了。其实，这个世界并没有抛弃你，除非你自己抛弃了自己。当生活遭遇不幸，我们所能做的就是相信自己，不要小瞧自己，从而一步步向自己的梦想前进。

他祖宗三代单传，爷爷和父亲都是面朝黄土背朝天的农民，他觉得自己一定要有出息。可是，成绩还不错的他在高考中落榜了，失望的他偶然听到“自古军营多俊才”这句话，他想：说不定自己到部队还能干出点名堂、混出个模样来。他怀揣着梦想来到部队，做了一名普通的通信兵，刚开始的时候，他很高兴、自豪。可是，日子久了，整天不是爬杆架线就是打线结，要不就是背着线跑来跑去，他开始犹豫了，当个小卒有啥用？他开始食不甘味，什么也不想干了。

有一次，他与战友下象棋，一开局，他就发起了猛攻，“炮当头”“把马跳”“出车”“走相”，你来我往，各不相让。却没想到，战友将不起眼的小卒用得很好，小卒过河之后，竟撵着他的车、马躲躲闪闪，最终他输在了对方的小卒上。“怎么样，小卒子挺厉害吧。”战友面带微笑地望着他。他虽然嘴上说厉害，但心里还是不服，于是他又请对方再来一局，结果他还是输在小卒上，这下他真地服了。

原来，那不起眼的小卒也有着不可替代的功用。

“小卒过河赛大车”，小卒，看起来不起眼，但是它发挥出的作用却是很大的。或许，在生活中，我们只是平凡岗位上的一名普通职员，不过，即使在最平凡的岗位上依然可以做出不平凡的事情来。无论多小的工作，你若为这个社会带来利益，那就是你不可替代的作用。

永远不要小看自己，当你看着自己的时候，是否会想到这就是名人的长相呢？一个人想要做什么事情，以及能做成什么事情，应该取决于内心的自信，而并非外在。当你在看轻自己的同时，其实也丢掉了自信心。

1.小卒过河胜似车

所谓“小卒过河胜似车”，小卒过了河就有万夫不当之勇。在那楚河汉界，车马炮看见小卒过了河，也不免心惊肉跳，即便是再威武的将军，最后也免不了会有被小卒吃掉的下场。或许，在生活中，我们就是那个不起眼的小卒，可能是街边的清洁工，可能是普通的小职员，可能是一个小士兵，可能是一个普通的服务员。我们既没有显赫的身世，也没有卓越的能力，每天所做的就是安分守己，贡献自己微薄的力量。

2.螺丝钉也有它的用处

也许，我们没有自信的筹码，但是，别忘了，你依然是他们中的一分子，你的工作、你的事业依然跟所有人是联系在一起的。这就像是一条链子，若是少了一个小小的螺丝钉，也会影响到链子本身的作用。因此，千万不要忽视自己的作用，相信自己，永远不要小瞧自己。

不断进取，提升你的竞争力

这个社会是个竞争的社会，一个人是否有竞争力将决定你在这个社会上处于什么样的位置。一个人是否有竞争力是由他自身的勤奋程度、危机意识、本能好奇心和定力来决定的。如果不注意这些，一个即使现在能力很强的人，也会被时间淘汰，变得毫无价值，毫无竞争力。

一个年轻人在他的同龄人之间是否有竞争力，一部分取决于他的学历——这不可否认，因为学历代表着你过去付出了多少努力，也因为学历代表着你的理解、阅读能力，一个企业中不同学历的人往往处于不同位置，这是社会现实，否认它没有任何意义。当然这是很多人一旦走上社会就无法改变的一部分，就算能够改变，可能也会花费很多的时间和精力。另一部分则取决于自身的努力，自身的努力能够改变很多事情，只有明白你的核心竞争力在哪里，你才可能取得人生的决定性胜利。

怎样增强一个人的竞争力？我觉得应该是因人而异的，每个人都有不同的天赋，这是人为修炼所不能改变的，就像有的人打麻醉剂无效一样，最重要的就是找出上帝赋予你的那项天赋，并加强修炼这部分的内容，才能塑造你的核心竞争力。怎样寻找出这部分内容呢？有时我们觉得一个人特别容易和人交往，交际能力特别好，可是他自己却不觉得自己有异于他人的禀赋，只觉得很平常。一个人的优点往往是别人才能察觉到的，所以这时候就需要征求周围人的意见，并特别注意自己适合做哪方面的事，事实上，我们的教育里设置那么多课程的目的就在于此。

通常情况下，我们要注意自己在以下这几个方面的能力是否超出常人。如果你注意到这种状况，一定要在这方面努力，并且注意训练，就可能比别人高出一筹，比别人更有竞争力。

学习力：学历代表过去，学习力代表将来，将来这个社会是一个信息更替非常迅速的社会。如果你的学习力非常强，那就代表你的头脑能够非常快地整理和接收传到你脑部的信息，并迅速形成一个印象，这样的头脑更适合于在信息高速更替的行业，如IT业发展。因为接受新事物的能力很快，接收的信息很快，而又能够快速更替头脑中的信息，在这个行业肯定有着更大的竞争力。

创造力：不可否认一个人的创造力很大部分是天生的，有的人天生就有创意，能够把所有的想法整合在一起，创造出新的事物。当然，这和想象力有关，但绝不是单纯的想象力，如果你总对事物有新的想法、新的观点，有很多“鬼点子”，那说明你的创造力很不错，这样的人适合在广告业等行业生存。

分析推理能力：思维严谨，分析推理能力和逻辑能力强的人，适合在数学、物理、化学等自然科学方面发展。

财商和情商：这两者不可分割，尤其是到了人生的后半段，几乎是人脉决定了你能赚多少钱，成为怎样的人。这个社会，赚钱已经不仅仅是拥有赚钱的眼光那么简单，有更多的人脉决定你可以让资本运转更快。

影响力：一个人有着怎样的影响力，常常取决于他的自信、自强和挑战精神以及社会责任感，有些人天生就具有领袖素质，他们能够通过自己的气质最快地获得人们的认同和敬畏，感染别人，对别人的思想和行为产生影响。

当你明确自己在哪些方面有优势，就应该不断地对你的优势方面加以训练，把它变成你的核心竞争力，才能在你所在的领域保持更强的优势、更强的竞争力。

保持竞争力的方法有很多种，勤奋修炼只不过是其中的一种。如果想一直在某个领域处于领先地位，就要有一定的好奇心和危机意识。好奇心让我们探索更多解决事情的方法，让我们对新方法、新事物、新信息保持最敏锐的触感，让我们不断探索钻研。危机意识，让我们保持警惕，不会怠惰，能够“生于忧患”，时刻保持警醒就等于保持我们竞争的状态，有竞争意识的人将不会落在社会的后面。

竞争力是年轻人的一个强项，对于年轻人来说，青春就是资本，只要敢于挑战，就能拥有最强的竞争力，在社会中拥有自己的一席之地。

无论处于什么样的境地，我们都不要看轻自己

在充满机遇的社会中，人与人虽然出生的背景不同，后天的机遇、才学等也存在差异，但掌控命运的权利都在自己的手中。贫穷与富有、非凡和平庸，也都是自己选择后的结果。

处于困境中的你是否想过，难道你的人生就应该这样，你就应该如此活着吗？你来到这个世界上，与别人顶着同一片蓝天，踏着同一片土地，呼吸着同样的空气。别人靠着努力拼搏，过着优裕的生活，而你却依旧在为生活奔波。为什么你不是那个成功者呢？

成功者给出了这样的答案：他们从不认为什么事情是不可能的，他们充分肯定自己的判断和能力。就如罗斯福所说：除了你自己之外，没有人能贬低你。

无论处于什么样的人生境地，我们都不要看轻自己。只要发现适合的时机，就应该纵身一搏，把生活升华，闯出自己的晴空，拼搏出属于自己的七彩人生。

拿破仑幼时的生活十分清苦，他的父亲是出身科西嘉的贵族，后来家道中落而一贫如洗。但他仍多方筹措费用，把拿破仑送到柏林市的一所贵族学校去求学。但是那所学校的学生大多家境优裕而拿破仑却衣着寒酸，所以他常受那些贵族子弟的欺负和嘲笑，抬不起头来。

起初看着别人在自己面前作威作福，拿破仑总是忍气吞

声，但后来他实在忍无可忍，便写了一封信给父亲，抱怨他的苦处。父亲的回信只有短短两句话：我们穷是穷，但是你非在那里继续读下去不可。等你成功了，一切都将改变。父亲的话，使拿破仑深受鼓舞，于是他在那个学校里继续学了5年,直到毕业。

在这5年里，他受尽了同学们的各种欺负凌辱，但每受一次欺负和凌辱，就越使他的志气增长一分。

拿破仑20岁时，他的父亲去世了，家里只剩下他和母亲两人。那时他只是一名少尉，所赚的薪水，也仅够他们母子俩勉强维持生活。他在队伍中，由于体格羸弱、家境贫困，处处受人轻视，不但上司不愿提拔他，就是同伴也瞧不起他。因此，当同伴们利用闲暇时间玩乐时，他则独自苦读，把全部精力都放在书本上，希望用知识和他们一争高下。

拿破仑读书有着明确的目的，他不读那些平凡无用的书来消遣解闷，而是专心寻求那些能使他有所成就的书来读。他的“书房”是一间又闷又小的房间，在那里他终年勤学不倦。

他在孤寂、闷热、严寒中，从不间断地苦学了好几年，单单从各种书籍中摘录下来的文摘，就可印成一本四千多页的书了。此外，他还把自己当成正在前线指挥作战的总司令，把科西嘉当作双方血战的必争之地，他画了一张当地最详细的地图，用极精确的数学方法，计算出各处的距离，并标明某地应该怎样防守，某地应该怎样进攻。通过这种练习，他的军事知识进步迅速，他终于被上级赏识，走上了晋升之路。

一个人的出身是无法选择的，但我们应该明白看低自己、缺乏信心是前进路上的绊脚石，唯有自己肯定自己，奋发努力，才能改变命运的轨迹。

一位父亲带着儿子去参观梵·高故居，在看过那张小木床及裂了口的皮鞋之后，儿子问父亲："梵·高不是位百万富翁吗？"父亲回答："梵·高是位连妻子都没娶上的穷人。"第二年，这位父亲带儿子去丹麦，在安徒生的故居前，儿子又困惑地问："爸爸，安徒生不是生活在皇宫里吗？"父亲回答："安徒生是位鞋匠的儿子，他就生活在这栋阁楼里。"

这位父亲是一个水手，他每年往来于大西洋的各个港口，他的儿子叫伊尔·布拉格，是美国历史上第一位获普利策奖的黑人记者。20年后，伊尔在回忆童年时说："那时我们家很穷，父母都靠苦力为生。有很长一段时间，我一直认为像我们这样地位卑微的黑人是不可能有什么出息的，好在父亲让我认识了梵·高和安徒生。这两个人告诉我，上帝没有轻看卑微。"

即使你出身卑微、家境贫穷，也不会妨碍你取得超乎常人的成就。只要你坦然面对自己的身份，心中始终坚持自己高远的目标并努力走下去，一定能使自己的人生充满辉煌的色彩。

在一座新建成的孤儿院里，有个小男孩，他经常抱怨自己是没人要的孩子，没有人关爱，因此很自卑。院长听了，当时没说什么，后来院长给了他一块大石头，让他拿到市场上卖，但有个要求，就是不管多少钱，都不能卖出去。第二天，小男孩按照院长的吩咐到市场上出售这块石头，慢慢有人注意到他，开始出价，但是无论对方出多少钱，小男孩就是不卖，人们更感兴趣了，这是什么石头，为什么一直不卖呢？价格越来越高，小男孩始终未卖，晚上他把石头又带回了孤儿院。

院长说："明天你把石头拿到黄金市场上去卖，就一个要求，还是不要卖出去。"第二天，小男孩把石头带到了黄金市场售卖，人们既奇怪又感兴趣，认为一块石头敢在黄金市场上叫卖，价值肯定不一般，于是竞相出高价，大大超过了黄金的价格，但和昨天相同，无论多高的价格，小男孩就是不卖，他又把石头带回了孤儿院。

院长说："明天你把石头拿到珠宝市场上去卖，和前两次一样，还是不要卖出去。"这回人们更好奇了，一块石头竟然在珠宝市场上售卖，而且小男孩始终不接受任何出价，肯定是稀世珍宝，于是大家又争先恐后地抬高价格，希望得到这块石头。但是无论多少钱，小男孩就是没有卖这块石头，又带回了孤儿院。

小男孩好奇地问院长，这是为什么，院长说："生命的价值就像这块石头一样，在不同的环境显示不同的意义和价值，你越珍惜它，它的价值就越高。换句话说，如果你看得起自己，努力让自己处于更好的环境并不断成长，那么你的人生价值就会随之增高。”

自我肯定是自信、勇者的表现，是发现自我价值、激发自身潜能，改变人生轨迹的必由之路。只有敢于肯定自己、正视自己、提升自己的人，才有可能成为强者，才能拥有强大的野心和抱负，推动自己成就一番大业。

善于利用空闲时间，积极提升自己

成功者总说，时间是最好的朋友；而失败者的理解则恰恰相反，时间是他们最大的敌人。在两个都具备天资、机遇、资金等成功因素的人中，谁能够利用好每一分每一秒的时间，谁就更可能拥有较大的作为。

许多有着白手起家构想的人之所以还在原地踏步，没有成就，是因为他们的嘴里常常有这样的说词：“等我有空再做。”“我每天都很忙，连吃饭都没时间。”说这些话的人通常认为自己忙得不可开交，即使有创业的想法，也要等手上没什么重要的事情时再做。就如鲁迅先生所说：“时间，就像海绵里的水，只要你挤，总是有的。”“没有空”是很多人习惯性的托词，你可能有“休闲”时间，却没有“空闲”时间处理工作，因为你在休闲的时候，要欣赏影片，去逛街，和朋友吃吃喝喝等。

一位富翁曾说，时间给懒惰者留下空虚和懊悔，给勤奋者留下智慧和力量。世界上那些成功的人事实上就是那些善于利用空闲时间的人。他们有各种各样的方法来使自己多余的时间具有意义。

进化论的奠基人达尔文是一位惜时如金的科学家。1846 年10月，他在写给菲茨·罗伊的信中说：“我的生活过得像钟表的机器那样有规则，当我生命告终时，我就会停在一处不动了。”

达尔文从剑桥大学毕业后，参加了环球考察。他在“贝格尔”号轮船上，珍惜每一天时间，进行了大量的考察，搜集了足够研究 50 年的标本。在别人闲聊时，他坚持写航海日记，还与国内的科学界朋友保持书信联系，其中不少信件很快就被作为学术论文发表。

当他踏上阔别5年的国土时，达尔文惊讶地发现自己已被称为海洋生物学专家了。当有人问他何以能做出那么巨大的成绩时，他回答说：“我从来不认为半小时是微不足道的、很短的一段时间。”

勤奋刻苦的人总能脱离平凡的境遇，把那些被称为瞬间的点点滴滴而又无比珍贵的空闲时间充分利用起来。他们用超常的毅力和分秒必争的精神，最终做到了化平凡为伟大，化腐朽为神奇，为自己建立了人生和事业的丰碑。

时间是最公正无私的。无论是谁，每天都有 24 个小时。

而事物的发展变化，总是由量变到质变的。如果想成就一番事业，一定要学会用零碎的时间学习整块的东西，做到点滴积累，系统提高。

美国前总统威尔逊出生在一个贫苦的家庭，当他还在牙牙学语的时候，贫穷就已经向他露出了狰狞的面孔。威尔逊10岁的时候就离开了家，在外面当了11年的学徒工，每年只能接受一个月的学校教育。

在经过11年的艰辛工作之后，他已经设法读了1000本好书——这对一个农场里的孩子来说，是多么艰巨的任务啊！在离开农场之后，他徒步到160千米之外的马萨诸塞州的内蒂克去学习皮匠手艺。

他在度过了21岁生日后的第一个月，就带着一队人马进入了人迹罕至的大森林，在那里采伐圆木。威尔逊每天都是在天际的第一抹曙光出现之前起床，然后就一直辛勤地工作到星星出来为止。在夜以继日地辛劳努力一个月之后，他获得了6美元的报酬。

在这样的穷途困境中，威尔逊暗下决心，不让任何一个发展自我、提升自我的机会溜走。很少有人能像他那样深刻地理解闲暇时光的价值。他像抓住金钱一样紧紧抓住了零星的时间，不让一分一秒无所作为地从指缝间白白流走。

12年之后，他在政界脱颖而出，进入了国会，开始了他的政治生涯。

时间是最无情的东西，你不好好待它，它就会稍纵即逝。然而，对于珍惜时间的人，它却馈赠以无穷的智慧和财富。有人把时间比作世界上一切成就的土壤，是的，只要辛勤耕耘，它将献给劳动者以甜美的果实。

一个人所可能做的，比他已经做的要多得无法计算。绝大多数人甚至没有达到自己限度的一半。人类巨大的潜力，有待我们去开发，而人类潜力的发挥，很大程度上又取决于时间潜力的挖掘。

“你热爱生命吗？那么请别浪费时间，因为时间是组成生命的材料。”

“记住，时间就是金钱。假如说，一个每天能挣 10 个先令的人，玩了半天，或躺在沙发上消磨了半天，他以为他在娱乐上仅仅花了 6 个便士而已。不对！他还失掉了他本可以挣得的 5 个先令。记住，金钱就其本性来说，绝不是不能生殖的。钱能生钱，而且它的子孙还会有更多的子孙。……谁杀死一头生仔的猪，那就是消灭了它的一切后裔，如果谁毁掉了5 先令，那就是毁掉了它所能产生的一切，也就是说，毁掉了一座英镑之山。”

这是美国著名的思想家本杰明·富兰克林的两段名言，它通俗而又直接地阐释了这样一个道理：如果想成功，必须重视时间的价值。

时间是死的，人是活的，只能由人去找时间，不能让时间来等人，时间不能“增产”，却可以“节约”；它不因人们的主观意志而拉长，却可以因浪费而缩短。零零碎碎的时间积累起来却会大有用处。积涓涓细流可成江河，积点滴时间可成鸿图大业。

与时间长河相比，人的一生是那样短暂。无论一个人的年华还剩多少，从你认识到时间宝贵的那一天开始，也就是明智地驾驭了人生新的开端。当你养成了充分利用闲暇时间的习惯，便能够使有限的生命结出更加丰硕的果实。

无须完美，贵在做好每件事

“天下难事，必作于易；天下大事，必作于细。”这句话出自老子《道德经·第六十三章》，意思是说天下的难事都是从容易的时候发展起来的，天下的大事都是从细小的地方一步步形成的。由此可以看出，想要有所作为就不能小觑小事的影响力，尽力做好每一件小事才能让自己的努力引起质的变化。

或许有些人觉得芝麻小事都是没什么实际意义的，也不可能会影响大局，更不会升级到成就一番事业的地步。所以，他们总是好高骛远，极易在前进的路上迷失自己，被一些他们所谓的小事情绊脚。事实上，任何一件事情要想做得完美，都要有一些小事作为基础，并起着关键作用。而任何一个问题的解决，都有一件决定性的小事起着举足轻重的作用。

陈藩生于东汉时期，从小他就是一个心怀大志的人，总是想着有朝一日成就一番事业。在他看来自己就不是一个普通的人，所以他总是给人留下心高气傲的印象。

一天，陈藩的朋友薛勤来访，见他住的屋子又脏又乱，便问他说："你这小子，平时家里脏些也就罢了，现在你家里来客人了，你怎么也不把屋子打扫干净以显示你的待客之道啊？"陈藩答道："我是顶天立地的男子汉，我要干的是一番大事业，我是一个心怀天下的人，这种小事我是不会做的。"薛勤当即反问道："一间屋子你都治理不了，怎么治理天下呢？"陈藩无言以对。

很多人总是自命不凡，感觉自己是天生的战略家，觉得自己是指点江山的大人物，所以从不把所谓的小事放在眼里。可是他们却不明白能够认真做好每件小事、讲究精益求精的执行者，才是可遇而不可求的。很多伟人的成功都离不开点滴小事的积累，他们涉猎广泛，从生活中不断学习，才在合适的契机产生质的变化，成就自己的一番伟业。因此，我们应该改掉急功近利、心浮气躁的毛病，认认真真地做好每一件小事。

陈浩和小志是大学同学，他们学的是计算机专业，大学毕业之后，两个人都被聘到了同一家公司。初次走出校园的两个人感觉浑身都充满着激情，决心好好努力，在工作中努力拼搏，闯出属于自己的一片天地，实现自己的价值。可是事情没有他们想象的那么美好，陈浩和小志都被安排做一些琐碎而单调的工作，每天早上打扫卫生，中午预订盒饭，帮同事复印资料、接收传真等。小志感觉受到了侮辱，不甘心在这里做这些没前途的工作，还没过试用期，便辞职不干了。

小志想让陈浩和自己一起走，小志说："我们难道就在这里受他们侮辱吗？我们是大学生，怀着满心的希望与激情来这里大展拳脚，可是他们怎么对我们的，整天把我们当作打杂人员，实在受不了这个委屈，我要辞职离开了，去一个能让我好好发挥自己的地方。"

可是，陈浩的看法却不一样，在他看来，公司这样安排肯定有其道理，做这些看似琐碎的工作能让他很快和公司的同事熟络起来，为以后的工作做准备。又过了两个月，公司正式安排陈浩去做一些有关计算机方面的工作。

有一次，公司召开全体会议，在会议结束的时候，经理把陈浩叫到办公室跟他谈心，说了一些工作上的事情之后，经理问道："陈浩，当初你们好几个大学生是一起进公司的，后来大家都离开了，你为什么没走呢？"陈浩说："从小母亲就告诉我，无论做什么事都不能马马虎虎、不放在心上，否则，什么事情都不可能做好。"

听到陈浩的回答，经理满意地点点头："其实我明白，你们刚刚毕业，心高气傲，可是这正是对你们的一个考验，因为我们觉得一个脚踏实地工作的人必须懂得做好基本的事情，如果连最基本的事情都做不好，更不可能把大事做好了。恭喜你！通过了公司的考察。”

那么，小志后来怎么样了呢？他一直流连于各大招聘会，因为没有任何一家公司会把重要的任务交给新来的员工，都会有一个考察的过程。很可惜，小志没有通过考察，他总认为自己是做大事情的人，每次工作不到一个月就离职。

这里，职场新人陈浩和小志的不同命运，来源于他们不同的做事心态。的确，如果小事你都做不好，那还怎么开口说自己是做大事的人？万事的成功都需要良好的基础，就像是盖高楼一般，没有那一砖一石的积累，哪来的一座座摩天大厦。

总之，把每一件简单的小事做好是成就大事的基础，要想在工作中取得优异的成绩，就需要沉下心来，用心做好每一件小事，不能有敷衍了事、挑三拣四的态度。

付出不亚于任何人的努力，你总会出头

我们任何人都知道，人生旅途上沼泽遍布，荆棘丛生。也许会山重水复；也许会步履蹒跚；也许，我们需要在黑暗中摸索很长时间，才能找寻到光明……但这些都算不了什么，一个心中有梦想的人，会坚信一点，总有一天，自己会变得很棒，

所以，你也要做到不放弃，知道自己要什么，该干什么，并应该勇敢地去敲那一扇扇机会之门。

事实证明，任何一个目标肯定的人，都不会迷茫，更不会中途放弃。一个人要想获得人生的幸福，那么每一天都应该勤奋工作。付出不亚于任何人的努力，这虽然是一个长期的过程，但只要坚持就一定能够获得不可思议的成就。

下面这个简单的故事，却蕴含了一个深刻的道理，它告诉我们——在坚持梦想的过程中，那些打不倒你的，都将使你变得更加强大。

1819年，他还是个13岁的瘦弱男孩，他当时虽然在火车上卖报纸和雪茄烟，但此时他已经有了自己的志向，他希望在未来能成为一名交易商，所以，每当他听到乘客谈论投资方面的事时，他总是听得特别入神。

对于一个卖报的男孩来说，这样的志向简直是天方夜谭，为此，他常常被嘲笑。

梦想实现的过程并不是那么容易，为了追梦，长大后的他整天躲在狭小的地下室里，将数百万根K线一根根地画到纸上，贴到墙上，接下来便对着这些K线静静地思索，有时他甚至能面对着一张K线图发几个小时的呆。

后来他干脆把美国证券市场有史以来的记录搜集到一起，在那些杂乱无章的数据中寻找着规律性的东西。由于没有客户，挣不到薪金，他许多时候不得不靠朋友的接济勉强度日。

这样的情况他坚持了6年。这6年中，他集中研究了美国证券市场的走势与古老数学、几何学和星象学的关系。

6年后，他发现了有关证券市场发展趋势的最重要的预测方法，他把这一方法命名为“控制时间因素”。后来他在金融投资生涯中赚取了5亿美元，成为华尔街靠研究理论白手起家的神话人物。

他叫威廉·江恩，世界证券行业尽人皆知的最重要的“波浪理论”的创始人。

成功需要梦想，梦想需要坚持，这是一条最原始也是虽简单的真理。诺贝尔奖获得者巴斯德曾豪迈地宣称：“告诉你达到目标的奥秘吧，我唯一的力量就是我的坚持精神。”需要持之以恒的原因就在于，世上凡是有价值的事情通常都是有一定难度的，不可能一蹴而就，因此只有持之以恒才能完成。

在我们的生活中，也有不少人，在他们的内心，都有自己的梦想，但紧张的工作，可能会让你搁浅心中的梦想。但不知你是否发现，正是因为你失去了梦想，才会显得无力，没有热情。任何人的潜能只有具有一个伟大的动力，才会被最大限度地激发出来。而在这个过程中，最为重要的就是在面对压力、挫折、困难时是否有继续向前的愿望和动力，任何想要成功的人，他首先要学会的就是坚韧不拔，要能够超越失败，成功才会与你越来越近。

在加拿大，有一位叫让·克雷蒂安的少年，他曾因疾病而落下口吃的毛病，嘴角畸形，而且更严重的是，他还有一只耳朵失聪。后来，有一位医生告诉他，在嘴里含着石子能矫正口吃，于是，他就每天在嘴里含着一颗石子练习讲话，一段时间以后，嘴巴和舌头都流血了，疼痛难忍。

母亲看到后，十分心疼，她对儿子说："孩子，不要练了，妈妈会一辈子陪着你。"但克雷蒂安摇了摇头，然后替母亲擦干眼泪，十分坚定地说："妈妈，听说每一只漂亮的蝴蝶，都是自己冲破束缚它的茧之后才变成的。我一定要讲好话，做一只漂亮的蝴蝶。"

克雷蒂安的努力最终有了成效，他终于能够流利地讲话了。他勤奋学习，学习成绩优异，并获得了周围人的赞赏。

1993年10月，克雷蒂安参加加拿大总理大选时，他的对手大力攻击、嘲笑他的脸部缺陷。对手曾极不道德地说："你们要这样的人来当你们的总理吗？"然而，对手的这种恶意攻击却招致大部分选民的愤怒和谴责。当人们知道克雷蒂安的成长经历后，都给予了他极大的同情和尊敬。在竞选演说中，克雷蒂安诚恳地对选民说："我要带领国家和人民成为一只美丽的蝴蝶。"结果，他以极大的优势当选为加拿大总理，并在1997年成功地获得连任，被国人亲切地称为"蝴蝶总理"。

一个口吃少年变成人人敬仰的"蝴蝶总理"，他真的如蝴蝶一样，实现了自己人生的蜕变。这也验证了那样一句话：

“总有一天，你会变得很棒的！”就如阳光总在风雨后一样，那些看清方向并一如既往坚持的人，他们总能看到困难中的机遇，同时克服机遇中的困难，他们总是在坚持理想，脚踏实地，持之以恒。最终他们获得了更多更好的契机与机遇。

找准自己的舞台，在自己的领域内发光发热

在封建社会，人分三六九等，职业也分三六九等。因此，无数人为了摆脱低贱的身份，挤在科举考试的道路上，只为了改变人生的轨迹。随着社会的发展，人们虽然不再像以前一样一门心思地崇尚依靠考试改变命运，但是在很长一段时间，人们依然把高考喻为“鲤鱼跳龙门”。似乎只要跨越了高考的门槛，人生就能从此一帆风顺。的确，在中华人民共和国成立后的很长一段时间内，“大学生”简直就是一个至高无上的荣誉光环，只要跨过高考的门槛成为大学生，很多农民子弟就能够摆脱面朝黄土背朝天的生活，进入城市的人群洪流中。不过，如今随着经济的发展，大学生已经不像之前那么紧缺了，人们对于大学生也不再一概仰视，归根结底，是因为社会上的工作机会、就业机会越来越多。即使不上大学，凭借自己的努力，很多人也能够生活得很好。还有很多人，虽然考上了大学，在就业的时候眼界也开阔了很多，他们不再仅仅凭借传统的观念

来判断一个职业的好坏，而是用全新的目光衡定职业的价值，从而在更加宽泛的选择中找到真正适合自己的工作，实现自己真正的价值。

数年前，大江南北传遍了一条新闻，即北大毕业生陆步轩当屠夫的事情。由此，社会各界的人们展开了此行为是否浪费人才的大讨论。人们各抒己见，各自坚持自己的观点。直至今日，尽管人们对于职业的评判标准已经有了很大的进步，不再沿袭旧有的封建保守的观点，但是，北大毕业生陈生进入养猪行业的新闻依然引起了人们的广泛关注。当然，这次引起人们讨论的不是北大才子养猪是否浪费人才的问题，而是陈生的辉煌成就。在进入养猪行业不到两年的短短时间内，陈生就在广州开设了将近一百家猪肉连锁店，营业额高达两个亿。为此，人们称他为“猪肉大王”。毫无疑问，人们已经不再对北大毕业生卖猪肉的事情持有怀疑，而是将焦点集中在陈生在卖猪肉行业掀起的“变法革命”。其实，三百六十行，行行出状元。不管我们身在哪一个社会岗位，只要我们爱岗敬业，充分发挥自己的聪明才智，就一定能够做出一番成就来。

陈生是全中国赫赫有名的北京大学的毕业生。毕业后，他被分配到一个地方政府的秘书科当公务员。按照常理来说，公务员是一个人人艳羡的工作。然而，陈生却在家人和朋友不理解的目光中毅然决然地辞职了。辞职后，他不仅倒腾过白酒和房地产， 还打造了“天地壹号”苹果醋。如今，他更是凭借卖猪肉成为千万富翁。

时隔多年，当谈起这件事情的时候，陈生说：“怎么说呢，我的性格很开朗，思维也比较活跃，所以常常做些不合常理的事情，这就导致我不适合党政机关的工作。”这个理由听上去很简单，也很空泛。在记者的询问下，陈生终于说出了迫使他辞职的真正原因：“就是因为穷啊。尽管我们当时都出自名校，但是，我们在机关里的工资却少得可怜，几乎可以用家徒四壁来形容。实在是穷怕了，只好下海去拼搏一番。”

在当时看来，陈生的举动简直是有些疯狂。对此，尽管陈生的家人也有疑异，却没有直接否定陈生的做法。陈生很坚决地辞掉了工作，并且开始了自己的奋斗历程。事实证明，如今的陈生是成功的。他把很多人都不屑一顾的养猪行业做得风生水起。

作为北大毕业生，假如陈生对于养猪的工作不屑一顾，甚至有点儿蔑视，那么就没有他今日的成功。时代在进步，社会在发展，经济的繁荣和市场的高度自由化给当代的人们提供了越来越多的机会与机遇。在这种情况下，我们必须摒弃成见，一视同仁地对待各行各业的工作。只有用心对待、努力拼搏，寻找到属于自己的舞台，我们才能走向渴望已久的成功。

生活给予每个人的机会都是均等的，很多时候，机会就在我们身边，我们却从未用心地去发掘它。甚至，当成功披着不引人注意的外衣出现时，很多人还会给予它不屑一顾的白眼。对此，要想不放过每一个机会，要想以更加理性和平和的态度对待人生，我们就要摆正自己的观念，千万不要因为对于职业的歧视而错失人生中千载难逢的好机会。我们既不应该自轻自贱，也不能盲目骄傲。不管做什么事情，要想成功，就必须放低姿态，努力认真地去做。

主动撕掉身上的“标签”，才能释放自我

现代社会，随着人们对教育越来越重视，各种教育理念也如同雨后春笋般崭露头角，因而很多父母在新的教育理念的指导下，对于孩子的教育更加注重，也投入了更多的时间和精力。然而，依然有很多父母没有摆脱在教育孩子过程中的误区，即对孩子贴标签。所谓贴标签，就是以论断性的语言对孩子做出总结和概括，这种做法甚至还会导致孩子最终认可标签代表的形象，从而真正成为一个符合标签特征的人。举个最简单的例子，假如父母总是当着孩子的面说孩子很笨，是个笨蛋、蠢货，日久天长，孩子因为自身的认知能力和思维判断能力都不足，所以就会被动地接受“笨蛋”“蠢货”等标签，导致自己的人生之路也越来越向着标签靠拢，不知不觉间就变得听天由命，自暴自弃，破罐子破摔。为此，有很多教育学家都

告诫和呼吁父母千万不要随意给孩子贴标签，毕竟孩子正处于飞速成长和发展的阶段，人生还充满着无限的可能性，根本不可能定形。而这样的标签恰恰导致孩子们对人生失去希望，甚至产生逆来顺受的消极思想，导致他们的思想与行为都与标签越来越符合，也越来越相似。倘若一个原本可以很优秀的孩子，就因为父母随意的贴标签行为，导致人生出现偏差，甚至完全脱轨，岂不是很遗憾么？

除了给孩子贴标签之外，人在职场，成人也经常容易被贴标签，这也难免会产生消极、沮丧的情绪，甚至对工作再也提不起精神和兴致来。举个最简单的例子，假如一个头脑愚钝但是非常勤奋的下属在工作上犯了错误，上司就批评他“没有创造力”“思维迟钝”，尽管这的确是事实，最终却会扼杀下属不断进取的积极之心，导致他在工作上止步不前。其实，上司在职场上之于下属，恰恰也像父母和老师之于孩子，会对其产生巨大的影响力。一旦上司随意给下属贴上标签，就会使下属失去自信，甚至从此变得束手束脚，人生的发展和机遇也会因此受到影响。

对于成功，大名鼎鼎的成功学大师卡耐基曾经说过，一个人要想取得事业的成功，必须在和谐而又自由的环境中充分发挥自身的主观能动性和创新性，勇敢打破旧我的束缚，铲除道路上的一切阻碍。从卡耐基的话中我们不难看出，正如人们想要建立一个新世界，必须首先推翻和废除旧世界一样，对于个人而言，道理也是一样的。

一直以来，大家都说豆豆是一个非常优秀的老师，她那么喜欢和孩子们在一起，自己也有一颗童心，最重要的是她似乎天生就懂得如何把知识深入浅出地教授给孩子们。然而，毕业之后从教3年来，豆豆尽管是学生心目中的好老师，校长心目中的好教员，父母心目中的乖乖女，但是她始终都觉得自己的人生缺少了些什么。

在大学同学毕业3年的聚会上，豆豆与许久没有见面的大学好友娜娜见面了。原来，娜娜大学毕业后并没有回到家乡当老师，而是去了北京的一家报社，成为了一名实习记者。经过3年的历练，如今的她不但顺利转正，而且在数次采访任务中得到极大的提高和锻炼。看着谈吐不俗、睿智犀利的娜娜，豆豆突然间知道了自己想要的生活。她下定决心辞掉工作，尽管身边所有人都劝她如此按部就班、安安稳稳地生活下去，但是她很清楚地知道，自己并不安于命运，而且也不想当一辈子的老师。

就这样，豆豆义无反顾地背起行囊去了上海，相比干燥的北京，她觉得上海的婉约和湿润更适合她。因为缺乏工作经验，她并没有如愿以偿地直接成为一名记者，而是成为了一名编辑，每日做些与文字有关的简单工作。直到经过3年的历练，她才得到主编的认可和赏识，因而渐渐能够承担一些相对简单的采访任务。出乎主编的预料，豆豆对记者的工作丝毫不显得陌生，而是轻车熟路，几次采访任务都完成得非常圆满，让人刮目相看。又过去一年多，豆豆理所当然地成为了社里的资深记者，她写的稿件质量也是最好的。如今的豆豆经常接受重要的采访任务，和那些伟大的人、成功的人面对面交流，感受他们的成功，也领悟他们的独特魅力。正是因为如此深度且高质量的精神交流，使得豆豆也进步神速，她不但眼光犀利，观点也更加深刻。后来，豆豆应邀去另一家杂志社当了主编，从此她的人生天地变得更加开阔，也充满了无限的可能性。

在豆豆辞掉教师的工作并且打拼出新的人生天地之前，几乎所有人都觉得豆豆就是当老师的好材料，似乎这个世界上除了教师的职业之外，再也没有任何职业这么适合豆豆。然而，豆豆心里很清楚自己想要什么，想获得怎样的人生。为此，她义无反顾地辞掉工作，撕掉了人们给她贴上的标签，重新开始缔造属于自己的人生帝国。这样的豆豆，勇气可嘉，也因此得到了命运的慷慨馈赠。

现代社会正处于飞速发展之中，社会上的每个人也都应该朝气蓬勃，充满激情，更应该发挥自身的潜能，为自己创造辉煌的人生。倘若被他人的标签束缚住，我们前进的脚步就会被羁绊，从而导致失去拥有无限可能性的美好未来。朋友们，如果你们发现自己被他人贴上了标签，一定要赶快主动撕掉标签，这样才能释放自我。当然，我们也应该注意在生活和工作中避免给他人贴上标签，否则就会无形中影响他人的人生，导致他人止步不前，岂非罪过？积极的人生应该充满激情，更应该对于未来有着无限渴望和畅想。就让我们加足马力在人生的道路上纵横驰骋吧，相信命运一定会给予我们喜出望外的惊喜！

第三章

和时间做朋友，让时间来成就自己

与其抱怨，不如争分夺秒提升自我

“门前老树长新芽，院里枯木又开花，半生存了好多话，藏进了满头白发……时间都去哪儿了，还没好好看看你眼睛就花了，柴米油盐半辈子，转眼就只剩下满脸的皱纹了……”这一首《时间都去哪儿了》之所以能够唱遍大江南北，就是因为歌词深深地打动了每一个人的心。父母听了这首歌满眼含泪，子女听了这首歌忍不住地痛惜父母的韶华易逝，青春不再。而这个世界上，谁人不是父母，谁人不是子女，谁人不曾从年少到青春，从青春到暮年。时间都去哪儿了，这是每个人都想弄明白的问题，也是每个人都倍感无奈的问题。

时间都去哪儿了？时间的脚步嘀嘀嗒嗒，消失在我们追求梦想的过程中，消失在我们吃喝玩乐的忙碌中，也消失在我们无数次为了梦想而远离家乡和亲人的追逐中。还记得自己有多长时间没有给父母打电话了吗？还记得上一次静下心来看一本书是什么时候了吗？还记得有多久没有静下心来做一件事情了吗？在浮躁的社会中，每个人都情不自禁地沉沉浮浮，或者觉得人生短暂，或者觉得欲望太多，总是忘却了初心，怔怔地看着地看着人生悄然流逝。

作为一名销售人员，莉莉每天都很忙，不是公司里要开会，就是客户临时要来和她谈一些事情，又或者要拜访客户。与此同时，销售经验丰富的莉莉，还时不时地带一带徒弟，对徒弟言传身教。一开始，莉莉觉得自己这样的工作很好，因为她觉得很充实。然而，直到几年过去了，莉莉虽然凭着奋力拼搏挣了一些钱，却发现自己除了会销售，貌似什么也不会了。她似乎顿悟了一般，当即决定要给自己制订学习计划，给自己充电。毕竟销售行业也是吃青春饭，一旦年纪大了，要想继续与小年轻们一起打拼，就很难了。莉莉想向管理转型，为此她为自己买了很多关于管理的书籍，还报名参加了网络课程。

莉莉的学习计划就从国庆节的七天假期开始。原本，莉莉下定决心要在早晨八点准时起床开始看书，读英语，但是八点的闹铃响了之后，莉莉实在太困倦了，她决定再睡十分钟。等到睁开眼睛，莉莉惊讶地发现时间已经到了中午十一点半。无奈，莉莉只好把自己的计划整个后延，拖延到下午。吃完午饭，莉莉正准备拿出书来看，好朋友打来电话邀请她一起出去玩。莉莉想拒绝，可是看着窗外阳光正好，她又犹豫了。最终，莉莉第一天什么事情也没干，和朋友们从下午开始一直玩到深夜才回家。

第二天，莉莉又故技重演，继续睡到日上三竿，照常地，到了下午，她又有了各种各样好玩的事情需要参与。直到国庆节最后一天，莉莉也没有完成一天的学习任务，自己也觉得万分沮丧。

莉莉身上的问题并不少见，甚至在生活和工作中非常常见。毫无疑问，莉莉是典型的拖延症，因为面对各种各样的诱惑，她完全没有自制力，只能一次又一次地妥协。现实生活中，人们总是用“岁月如梭，光阴荏苒”来形容时间的转眼即逝。毫无疑问，没有人能决定生命的长度，也不知道自己的生命到底何时会戛然而止，而唯有努力地充实生命，拓宽生命的宽度，我们才能成为生命的主宰，真正掌舵生命。

所以，朋友们，在你觉得命运无常时，不要抱怨，不要慨叹。与其在抱怨上浪费宝贵的时间，不如争分夺秒，努力提升和完善自我，也增加自己的资本，这样才能让自己更有资历也更有资格迎接成功的人生。人生是琐碎的，有太多零散的事情需要我们去完成，与其一味地等待合适的时机，不如抓紧分分秒秒的碎片时间，从而才能积少成多，聚沙成塔，最终以点点滴滴的积累完成很多人生中必须做的事情。现实生活中，也总有些朋友因为错过的昨天而懊悔不已，其实这非但无法让时光倒流，反而会让我们因为悔恨而失去更多的时间。所以真正明智的朋友能够学会忘记过往，而更加全神贯注地活在当下，憧憬明天，也全力以赴地去创造明天。

根据自己的工作和生活，对时间做出合理安排

时间是最宝贵的资源，合理安排时间就是“预算”生命。你若希望高效地做事，就应该根据自己的工作和生活，对时间做出总体安排。

在我们的生活中，善于规划时间的人毕竟不是大多数，我们经常听到人们抱怨“忙死了”，他们忙于上下班，忙于赶车，忙于接孩子、做饭，忙于检查邮箱、维系人际关系……他们甚至感叹：要是每天比别人多出一小时就好了，其实，即便如此，他们也有可能无法处理完这些事，因为他们不善于规划自己的生活。其实，真正的时间管理就是从规划我们一天的时间开始的。

那么，现在，在排除我们长期规划的情况下，你不妨先来回忆下，你每天的时间都是怎么安排的，我们又该怎样安排每天的时间呢？

跟着以下四个问题的脚步，也许你能找到答案。

第一个问题：在你的待办事项中，有哪些是必须做的？

也就是说，这些活动是每个人每天都必须完成的，是维持我们生存的基本活动，如吃饭、睡觉等，虽然你能在这些活动上尽量压缩时间，但总的来说，你不可能完全避免这些活动。

另外，除非你已经具备了充足的物质、资金，否则，你还要参加社会工作，以此来维持正常的生活所需，如居住、购买

食物和衣物等。

所以，我们每个人都要在吃饭、穿衣、睡觉、工作等方面花费一定的时间。

第二个问题：你的常规性事务有哪些？

起床、吃饭、出行、参加工作会议、读书……你需要完成多少这样的工作由你在企业、家庭、社交圈中的位置所决定。

其实，在我们平时的生活和工作中，这些基本的活动并没有被我们所认识到，但却花费了我们大量的时间，可能很多人用了一生的大部分时间为这些事忙个不停。

家庭主妇也经常会遇到这些情况。她们经常会很努力地做好自己的本分工作，结果却发现自己虽然终日忙忙碌碌，但始终没有相应的成就感。

第三个问题：你的遗留事务都是什么？

事实上，大多数人每天的活动内容都是由自己当前正在处理、但还没有完成的工作决定的：如你昨天、上个星期或者是上个月开始的某个项目。我们常常并不想做什么事，但却身不由己，如我们原本准备在晚上写一些随笔，但却接到电话，不得不参加曾经允诺过的一个朋友聚会。

第四个问题：一些意外事情。

生活总是充满意外，我们不可能将所有的事规划进去，所以，我们要预留一些时间处理那些意外事情。

例如，头一天晚上，你事先定好了闹钟，但早上你一睁开眼睛，却发现闹钟没电了，你也因此晚起了，结果你迟到了2小时才到办公室，而你本来打算提前到15分钟，把昨天没有完成的工作补完的。不仅如此，到了办公室之后，你发现琼斯先生已经打来5个电话，抱怨说他至今没有收到你昨天答应送给他的文件，所以你不得不立即打电话到快递公司问问情况，然后发疯一样督促他们抓紧时间……

再如，你原本5点半下班，但是这天老板突然跟你说需要加半个小时的班，所以，你6点才离开办公室，你的孩子正在幼儿园等你接回家，你不得不打电话给你的爱人，但此时的他（她）正在加班，于是，你们为谁接孩子的事吵了一架，此时你还不得不往幼儿园赶，谁知道，赶在下班高峰期的你堵在了路上，你的心情无比烦闷……

不难想象，我们每天的生活都是被这些必要的活动、常规任务、遗留工作，以及我们刚刚谈到的意外情况充斥着。对于大多数人来说，他们终日纠缠在这些事务当中，一辈子也不可能找到足够的时间来实践自己的人生目标。那么，如何避免这样的情况呢？

你首先必须分辨出那些浪费时间的活动，并通过停止这些活动来为自己挤出更多的时间。要想实现那些对你来说真正重要的人生目标，只有一种途径：认真规划你每一天的时间。

当然，我们每天做的时间规划，也不可过于理想化，因为我们做规划的目的是让生活更有计划性，而不是被时间牵着鼻子走，你整个生活都在被时钟控制，变得毫无生趣。相比之下，如果能够在安排日程的时候为自己留出一些自由时间，你就会感觉自己对生活有了更多的控制，每天的工作和生活也就会感觉更加顺畅。

勤奋的人，从不会抱怨时间不够

现代社会，无论是对于个人还是企业，“效率就是金钱”绝对不是一句空话。可以说，追求成功，必须追求效率。同样，自古至今，要想成功，就必须惜时。实际上，任何人只要能充分利用好时间，不浪费每一分钟，那么，他必当成才。有些人只是利用好了几年时间，有些人只重视年轻时代，而成功者则尽量利用好每一天，甚至能利用好每一分钟乃至每一秒钟。他们很少有浪费时间的行为，他们的成功实质上就是时间利用上的成功。事实上，那些勤奋的人，从不会抱怨时间不够。

小周是某大型企业的一名员工。高考失利后，他失去了继续读大学的机会，18岁的他就进了现在的这家企业。因为学历的原因，他只能从事最简单的产品装配工作，但他不甘心。于是，利用上班之余的时间，他拿起了书本，自学了很多与该产品有关的知识，并自考了一些其他课程。

转眼，小周已经工作5年了。这家企业每5年会举办一个大型的青年知识大奖赛，参加这次比赛的人多半是一些高学历的人，但小周还是报名了。他的参赛作品是关于公司生产部门的机器流程改造图。公司高层一见到这幅图，就惊呆了，一个生产流水线上的工人怎么可能会制作出如此让人惊叹的图呢。于是，他们找来小周，就图纸进行了一番理论讨论，他的说明，让在座的领导们都瞠目结舌。“我看你的简历，你只不过是个高中毕业生啊，怎么会……” “是这样的……”

听完小周的叙述，众领导一致表示：“单位的员工要是都有你这样的学习精神，该有多好。”

很快，小周就收到通知，他被升为技术主管，负责他所提出的这一项目的改造工程。

这则职场故事中，我们见证了一个普通员工的升迁过程。员工小周之所以会被领导赏识，在众人中脱颖而出，就在于他能利用空余的时间不断学习、不断完善自己的知识结构，充实了原本知识不足的自己。

人们关于自己的未来总会有很多规划，但当他们未能完成时总向别人推诿：“我最近很忙，根本没有时间。”但是如果你想有所获得、有所成就，做哪一件事不会耗费时间呢？我们经常看到卓越的人才，举手投足优雅，且写得一手好字，当你在羡慕对方的时候，是否想起对方为了培养仪态、练字又一个人度过了多少沉默时光呢？

1.没时间是因为你浪费了时间

忙和没时间是最烂的借口，因为每个人的时间都是公平的，之所以会抱怨没时间，不过是因为你在其他事情上浪费了时间。

2.勤奋是质变的过程

财经作家吴晓波说：“每一件与众不同的绝世好东西，其实都是以无比寂寞的勤奋为前提的，要么是血，要么是汗，要么是大把大把的曼妙青春好时光。”如果我们倾力付出自己的努力，那早晚会从量变到质变，你现在走的每一个脚印，都会成为将来实现人生飞跃的跳板。

人们总会订下许多计划，看书、运动、旅行等，不过常常因没有时间而不得不放弃。难道你的生活真的有那么忙吗？真相到底如何你心知肚明，别总以忙和没时间当借口，那不过是在为自己的懒惰找理由而已。你若坚持努力，就一定会发光，因为时间是所向披靡的武器，聚沙成塔，将人生一切的不可能都变成可能。

学会把握住今天，也要充满希望地畅想未来

人生有三天，昨天、今天和明天。昨天已经成为过去，再也回不去，而明天还未到来，所以人生中唯一能够把握的就只

剩下今天。其实，从这个角度而言，人生中只有一天，那就是今天。归根结底，每个人在人生之中能够把握的只有今天，而一个人要想让人生变得充实、充满力量，就要把握好今天。活在当下，这是很多人都倡导的人生态度。遗憾的是，大多数人虽然明知今天才是可以把握和操控的，却总是因为逝去的昨天感到懊恼，又因为还未到来的明天感到忧愁和焦虑。最终，他们连唯一拥有的今天也错过了，让今天充满了懊悔沮丧和焦虑忧愁，也使人生变得无所适从。

实际上，尽管今天在昨天和明天中承前启后，却不应该被困于昨天和明天。唯有把今天当成生命中完全独立的一天，把每一个今天都当成今生今世来度过，今天才会在生命中大放异彩，也才会真正支撑起人生，成为人生的脊梁和希望所在。很多人之所以穷尽一生忙忙碌碌，却始终毫无收获，就是因为他们拎不清昨天、今天和明天的关系，导致既错过了昨天，又错过了今天，而且还无法迎来美好的明天。每个人，不管出于什么缘由，都不能忽略现在。现实生活中，很多人不是为过去懊恼，就是把希望寄托在明天，总是说“如果我当初……”“我决定以后……”这样的话，对于转瞬即逝的人生而言没有丝毫意义。要想走好人生的每一步，我们就要学会把握住今天，也要充满希望地畅想未来。

在英国蒙特瑞综合医院中，有很多实习的医学生。有一位学生终日愁眉苦脸，似乎人生对他极其不公平，也使他感到人生希望渺茫，甚至有些想要放弃人生的意味了。在这个年轻学生的生活中，除了焦虑，就是抱怨，还有就是茫然。他对于自己的未来总是思虑过远，导致看不到人生中任何的希望。每天一睁开眼睛，他就对生活万分沮丧，然而，实际上他学习上很顺利，成绩也很优秀，更没有遇到特别为难的事情。那么，他为什么还是如此消沉沮丧，对人生了无希望呢？

1871年，这位学生偶然读到了一本书，看到了一句震撼心灵的话——在人生之中，最重要的是做好手中的事情，而不是一味地眺望模糊的远方。这句话使年轻人茅塞顿开，也恍然顿悟。他正是因为觉得人生没有什么值得期待的，才会万分沮丧，看到这句话之后，他一改自己消极的人生态度，开始努力做好眼前的事情。最终，这位年轻人在医学上有了很深的造诣，创建了举世闻名的约翰霍普斯金大学，还在牛津大学医学院担任教授。和曾经茫然无序的人生状态相比，他俨然实现了人生的逆袭，创造了生命的奇迹。因为他的伟大成就，英国国王还册封他为爵士，这可是至高无上的荣誉啊！若干年后，已经步入老年的年轻人在耶鲁大学举行演讲。在演讲会上，他把自己成功的秘诀毫无保留地传授给了学生们，那就是——活在一个完全独立的今天里。

看到这里，很多朋友一定猜出这个年轻人就是大名鼎鼎的威廉·奥斯勒。没错，威廉的奇迹告诉我们，每个人唯有把握好今天，明天才会更美好。

活在一个完全独立的今天里是什么意思呢？就是要把已经逝去的昨天隔离在外，然后用今天的努力去保证明天的辉煌。的确，天上从来没有掉馅饼的好事情，世界上也从没有一蹴而就的成功。我们在今天点点滴滴的努力，都会为我们的明天铺就道路，帮助我们拥有一个美好的明天。很多人都为即将到来的明天而忧愁，殊不知忧愁只会白白浪费宝贵的生命，要想把握明天，真正有效的办法是努力过好今天，唯有让今天尽善尽美，明天才会变得触手可及。

现实生活中，很多人沉湎于过去无法自拔，也有明智的人活在当下，把握好每一个今天，唯有不够理智也不够聪明的人，才会为了明天而陷入无休止的担忧之中。我们当然可以未雨绸缪，但要把握好合适的度，不要因为过度，导致杞人忧天，为了还未到来的一切就透支了自己所有的心力。

常言道，计划赶不上变化快。很多时候哪怕我们把一切都设想得很美妙，事到临头也会发生各种变故，导致我们应接不暇。既然如此，我们只要做到未雨绸缪即可，其他的事情就等到事到临头的时候再面对也完全来得及。明智的人更不会为了未来而失去对现在的努力和把控，因为他们很清楚，每一个独立的今天都孕育着美好的明天，每一个独立的当下都是未来幸福美好的保证。

只争朝夕的人，才能真正把握生命

细心的朋友们会发现，大多数成功者人生的节奏都很快，他们的时间利用率很高，恨不得把一天当成两天用，而且他们绝不随随便便地就停歇下来，总是坚持不懈地努力，就算遭遇失败，也马上吸取经验依然砥砺前行。而失败者呢，一旦遭遇小小的坎坷和挫折，就马上备受打击，恨不得找个地缝钻进去，或者对人生完全失望。这样的沉沦，毫无疑问是在浪费时间。

生活如逆水行舟，不进则退，大多数情况下，哪怕我们停止了前进的脚步，但是时间却滴滴答答分毫也不停歇。这样的过程中，我们当然丢失了时间。所以朋友们，每个人都有权力决定自己是继续前行，还是停下脚步， 但是时间却不会停下脚步等我们。只争朝夕的人，才能真正把握生命，获得成功。

人们常说，时间不等人，也正是这个道理。随着时间的流逝，事情的发展不断变化，日新月异，因而当时当刻可以做的事情，一旦错过了最合适的时机，也许就不再具备真正去做的条件了。所以鲁迅先生说，浪费自己的时间相当于自杀，浪费他人的时间相当于谋杀。这一切都告诉我们，时间宝贵，片刻都不能浪费。喜欢看《西游记》的朋友们会发现一个有趣的现象，即每次那些妖怪们抓到唐僧，小妖们都等着吃唐僧肉，但是大王却说等等，结果唐僧被孙悟空救走了，妖怪们也都一命呜呼了。当然，这是作者的观点在书中的折射，邪不压正，投射出积极正向的能量，却也从侧面告诉我们，凡事都要趁早，才能有好结果。否则，一旦贻误最佳时机，就会导致一切都很被动。

月霞在一家二手房经纪公司工作，她是个非常优秀的业务员。然而，常在河边走，没有不湿鞋的。月霞为了晚上有个好睡眠，每天到十点钟就会关机睡觉。早晨则是八点起床才开机。有一天，月霞早晨一开机，就发现七点多的时候手机上有个未接电话，做业务的人对于电话等信息总是异常敏感，因而月霞赶紧回电。果然，对方就是一个要买二手房的客户，月霞赶紧深入了解信息，但是客户说："我已经和你们公司另外一个女孩子联系上了，八点半的时候，她会带我们去看房。"月霞有些沮丧，问了女孩的名字，发现是和自己同一家门店里工作的新人。月霞很想把客户争取到自己这边，但是客户说："既然我已经联系了别人，而且小女孩也帮我联系好几套二手房了，等我看完之后，如果有需要再联系你吧。"被客户委婉地拒绝，竞争对手又是本店的同事，月霞觉得希望渺茫。

果然，新人女孩非常给力，一上午带着客户看了好几套房子，客户看中一套之后，就开始出价。经过一天的斡旋，客户与业主成交。从此以后，月霞睡觉的时候再也没关过机，连静音都不调了。

很多时候，机会都是转瞬即逝的。客户先给月霞打电话，如果月霞能接到电话，相信以她的业务能力和水平，一定能够牢牢把握客户，很快就能成交。对月霞而言，这也是一个深刻的教训。当然，充足的睡眠对工作量大的人而言，也是很有必要的。所谓工作与生活之间的关系，还是要靠个人根据自身的情况去调整和选择。不过，机会转瞬即逝的教训我们必须吸取，这样才能在生活和工作中牢牢地把握住机会。

拖延不但会耽误宝贵的时间，也会让我们错失良好的机会。任何时候，只要想到了就要马不停蹄地去做。我们唯有勇敢地迈出人生的第一步，才能一往无前，跑在时间前面，成为人生的引领者。

坚持一万小时，实现梦想需要长情的告白

现代社会进入快捷时代，人们不管做什么事都讲求速度和效率，包括对待成功，能够潜心下来创造成功的人越来越少了，大多数人恨不得一蹴而就获得成功，成功不会从天而降。哪怕我们仰慕的那些成功者，在光环背后，也同样付出了长期而又巨大的努力，才能得到今日的成就。

加拿大作家格拉威尔在他的畅销书《异教》中提出，大多数人眼中天赋异禀的天才，实际上并非天生就有独到之处。他们之所以能够获得成功，只是因为他们具有坚韧不拔的意志力，能够持之以恒地付出。格拉威尔还告诉人们，任何人只要

付出一万个小时的努力，就有可能变得与众不同，也有可能拥有精彩绝伦的人生。

一万个小时？刚听到之时，会让人们觉得成功也没有那么难嘛。然而细细想来，一万个小时并非短暂的时间。换言之，假如你每天都抽出三个小时做自己喜欢的事情，或者从事自己喜欢的工作，那么要到十年之后，你才能获得成功。除了格拉威尔外，匈牙利的一位心理学家也主张“一万小时定律”。他觉得，每个人只要能够坚持付出一万个小时的努力，就有可能出类拔萃。为了验证自己的想法是正确的，他开始培养自己的三个女儿在国际象棋方面的发展。实际上，他的女儿在国际象棋方面并没有天赋，而且也并不喜欢国际象棋。然而在父亲的督促下，最终三个女儿全都成为了国际象棋大师，她们就是闻名世界的波尔加三姐妹。事实告诉我们，天赋和兴趣也许会辅助我们获得成功，但是却并非成功的必要条件。哪怕在自己不感兴趣也不擅长的领域里，在经过一万个小时的努力之后，我们也会如愿以偿地获得成功。由此可见，成功很大程度上取决于努力和坚持的程度。

古代社会，人们不管做什么事，总是强调“吃得苦中苦，方为人上人”。殊不知，现代社会发展至今，苦已经不是人们辛勤付出的唯一标准， 如果能够以快乐的方式坚持下去，完成一万个小时，同样也能获得让人瞩目的成就。所以朋友们，不要再觉得自己资质平庸，也不要一味地抱怨现状，唯有坚持不懈地努力，我们才能改变人生、主宰命运。

张薇是个超凡的女强人。她刚刚出道的时候资质平庸，并没有独特的天赋或者超强的能力，但是她却非常努力，而且有着决绝的精神。正是因为这样的坚持，不管遇到多么艰难的情况都决不退缩，她才有了今日的成就，得到了无数同行的钦佩。

虽然每天的工作已经非常辛苦了，但是张薇三百六十五天雷打不动地不管下班多么晚，都会抽出两个小时坚持写作。正是这看似不起眼的两个小时，积少成多，最终让张薇在十年的时间里，出了五本书外，还有了自己的公众号和微博平台，圈粉无数。而其他和张薇一样度过职场十年的人，不但工作上没有张薇出色，而且工作之余也毫无收获。

不得不说，张薇的成功来自她的努力。她用亲身经历告诉我们，唯有坚持付出，才能创造奇迹。现实生活中，很多人抱怨自己的努力没有得到回报，其实不用着急，问问自己是如何努力的，问问自己是否已经坚持了一万个小时，或者至少不间断地坚持了五千个小时。所谓量变引起质变，这样你才有资格索求回报，才能够让人生变得与众不同。

常言道，世上无难事，只要肯攀登。人人都有梦想，之所以有的人距离梦想越来越近，有的人与梦想渐行渐远，就是因为在这个梦想泛滥的年代里，真正能够坚持实现梦想的人并不多。当然，“一万小时定律”并非一定是一万个小时，根据不同的情况，也许是五千个小时，也许是两万个小时。所谓的一万小时，只是告诉我们一个深刻的道理，实现梦想需要长情的告白，需要永恒的坚持，只有能够做到这一点的人，才能有所收获，才能让人生腾飞！

浪费时间的人，时间永远不够

对于任何人而言，时间都是最宝贵的财富，因为每个人的生命都是有限的。一个人，即使理想再怎么远大，如果没有时间去真正实现，也会变成空想。因而，我们要想让人生变得充实而有意义，就必须努力提高效率，用有限的时间完成更多重要的事情，从而才能离成功更近一步。生活中，总有些人对时间抱着漫不经心的态度，这样的人很难获得成功。举个最简单的例子，对于一个与时间赛跑的人而言，一天也许是28个小时，但是对于磨磨蹭蹭浪费时间的人而言，时间也许只有20个小时。试想，他在一天的时间里就比成功的人落后了八个小时，又如何能够真正获得成功呢！只怕在他的磨蹭之中，成功会渐行渐远，直至看不到任何踪迹。

尤其是现代职场，无数职场人士每天行色匆匆、忙忙碌碌，时间真正变成了转瞬即逝的生命，变成了切实可见的成就，因而职场人士更要珍惜时间。从某个角度来说，抓住了时间就等于抓住了成功的无限机遇，抓住了时间就等于抓住了短暂的人生。如果不能合理有效地利用时间，一个人即使能力再强，也无法最终脱颖而出，得到成功的青睐。早在初中时期，我们就曾经学过关于统筹的科学方法。其实，在我们的一生之中，不管是生活还是工作，都可以使用统筹的方法。当我们学会了节省时间，也就相当于学会了提高利用时间的效率，延长了我们有限的生命。

作为一家正在发展中的公司的老板，嘉熙每天下午都能做到准时下班，像一个朝九晚五的上班族一样，利用工作以外的时间陪伴老婆和孩子。很多人都不清楚嘉熙是如何做到这一点的，因为大多数和嘉熙一样的创业者，几乎每天都有忙不完的事情，也都有对付不完的应酬。对此，嘉熙说："一个人不能成为时间的主人，就会变成时间的奴隶，被时间驱使。至于应酬，完全可以安排在下午茶或者午餐时段，不必要占用宝贵的家庭时间。"

当然，作为创业者到底是忙碌的，因而嘉熙选择每天清晨早起两个小时，用来弥补工作时间的不足。他每天都会在清晨六点钟准时到达办公室，在其他同事还没来的两个小时里，看看报纸，整理思路，分清一天工作内容的主次，从而统筹进行。例如，他当天需要开会，那么他会在刚刚开始上班时安排秘书琳达为他准备会议资料，然后他就可以忙碌最紧急的事情。中午吃饭，他也会安排与客户见面，一起用餐。这样，很多大事就在餐桌上与客户敲定了。有的时候没有客户需要见面，他还会邀请某位下属与他一起用餐，聊聊工作或者生活，顺便给下属做做思想工作，激励下属再接再厉。就这样，他几乎整个白天都在工作，不管是吃饭喝茶还是喝咖啡，从未有片刻闲着。等到下午六点钟下班时，他和每一位辛苦工作一天的下属一样，都有一种如释重负的感觉：终于可以全心全意地放松和回家了。让人奇怪的是，嘉熙这样的安排非但没有影响工作，反而使他整个人都神清气爽，把工作安排得井井有条，效率也提高了很多。

在这个事例中，嘉熙之所以与大多数创业者的忙碌完全不同，就是因为他很清楚时间的利用之道。他知道要想家庭与事业兼顾，就必须提早起床工作，也知道不能因为忙于事业而忽略家庭，因而总是在下班时间准时下班，回家陪伴妻子和孩子。由此一来，他成为真正了人生赢家，得到了别人梦寐以求的一切。

对于任何人而言，浪费时间就是浪费生命。因而，不管我们是创业者，还是最基层的小职员，亦或者是公司的中高层管理人员，都必须树立正确的时间观念，学会统筹和合理地利用时间。唯有如此，我们才能提高时间的利用率，在与时间的赛跑中赢得先机，更快地接近成功。很多情况下，只有当我们未雨绸缪，提前规划，才不会被时间驱赶着往前奔跑。想一想，当你淡定从容地走在时间的前面，那是怎样一种美妙的体验啊！

时间对于任何人都是公平的，不管我们以怎样的姿态生活，它都滴滴答答永不停歇地往前走去。要想提高时间利用率，我们必须要提前做好统筹规划。唯有如此，我们才能理所当然地成为时间的领跑者，而不是手忙脚乱地追逐时间的脚步。从现在开始，让我们珍惜时间吧。生命有限，珍惜生命才能让我们更从容地享受生命！

第四章

耐得住寂寞，用孤独的时光塑造出最好的自己

人生需要洗礼，成功需要经历枯燥与痛苦

在人生的道路上，我们常常会遭受不同的挫折与困难，面对挫折，人们有着不同的理解，有人说挫折是人生道路上的绊脚石，有人却说挫折是垫脚石，所谓“百糖尝尽方谈甜，百盐尝尽才懂咸”。与河流一样，人生也需要经历洗练才会更美丽，经过枯燥与痛苦之后，才能收获成功的果实。

哈佛有一句名言：“请享受无法回避的痛苦，比别人更早更勤奋地努力，才能尝到成功的滋味。”自古以来卓有成就的人，大多是抱着不屈不挠的精神，忍耐枯燥与痛苦之后，从逆境中奋斗挣扎过来的。

有本书上曾经这样说：“能够忍受孤独的，是低段位选手；能够享受孤独的，才是高段位选手。”诚哉斯言！不同的人生态度，成就了不同的人生高度。忍耐正是一种崇高的人生境界，古人曾作的《百忍歌》中有这样的句子，“忍得淡泊养精神，忍得勤劳可余积，忍得语言免是非，忍得争斗消仇冤”。忍耐不是软弱，反而是一种大度。忍耐也并不是妥协，而是一种胜利。在生活中，学会审视一下自己，我们根本没有理由对周围的一切都那么苛刻，要学会忍耐，这样会让生活变得更加轻松。

1832年，毕业于哈佛大学的林肯失业了，这显然使他很伤心，但他下定决心要当政治家，当州议员。糟糕的是，他竞选失败了。在一年里遭受两次打击，这对他来说无疑是痛苦的。接着，林肯着手自己开办企业，可一年不到，这家企业又倒闭了。在以后的17年间，他不得不为偿还企业倒闭时所欠的债务而到处奔波，历经种种磨难。

随后，林肯再一次决定参加竞选州议员，这次他成功了。他内心萌发出一丝希望。认为自己的生活有了转机："可能我可以成功了！"

1835年，他订婚了。但离结婚的日子还差几个月的时候，未婚妻不幸去世。这对他精神上的打击实在太大了，他心力交瘁，数月卧床不起。1836年，他得了精神衰弱症。

1838年，林肯觉得身体良好，于是决定竞选州议会议长，可他失败了。1843年，他又参加竞选美国国会议员，但这次仍然没有成功。林肯虽然一次次地尝试，但却是一次次地遭受失败：企业倒闭、未婚妻去世、竞选败北。要是你碰到这一切，你会不会放弃，放弃这些对你来说重要的事情?

林肯没有放弃，他也没有说："要是失败会怎样？"1846年，他又一次参加竞选国会议员，最后终于当选了。两年任期很快过去了，他决定争取连任。他认为自己作为国会议员的表现是出色的，相信选民会继续选举他。但结果很遗憾，他落选了。因为这次竞选他赔了一大笔钱，林肯申请当本州的土地官员。但州政府把他的申请退了回来，上面指出："做本州的土地官员要求有卓越的才能和超常的智力，你的申请未能满足这些要求。"

接连又是两次失败。在这种情况下你会坚持继续努力吗？你会不会说"我失败了"？然而，林肯没有服输。1854年，他竞选参议员，但失败了；两年后他竞选美国副总统提名，结果被对手击败；又过了两年，他再一次竞选参议员，还是失败了。

林肯一直没有放弃自己的追求，他一直在做自己生活的主宰。1860年，他终于当选为美国总统。

亚伯拉罕·林肯在竞选参议员失败后曾说过这样一句话："此路艰辛而泥泞。我一只脚滑了一下，另一只脚也因而站不稳；但我缓口气，告诉自己这不过是滑一跤，并不是死去而爬不起来。"确实，一次失败并不会让你一无所有，相反，因为内心的忍耐力，你会得到宝贵的经验去开始下一次尝试。

因此，我们可以说，忍耐枯燥与痛苦是成功的必经之路。人生不可能是一帆风顺的，总是会有这样或那样的挫折与困难，在这个过程中，就需要我们去忍耐枯燥与痛苦，甚至是失败。这一切都需要忍耐，如果没有坚强的意志力，就难以忍受，最后就不能获得成功。如果你想赢得成功，就不得不忍耐这路程中的枯燥与痛苦、失败与辛酸，在忍耐之后继续奋斗，这样你才有力气走到最后，才能走向通往成功的路途。

成功无法一蹴而就，需要我们耐心等候

我们都知道，没有人能随随便便成功，在人生的道路上，我们若想有所收获，就必须耐得住寂寞。因为成功不是一蹴而就的，需要我们耐心等候。

的确，在为梦想奋斗的路上，需要我们亲力亲为的事情太多，事无大小之分，不管我们如何努力，总要把事情做完。在努力的过程中，当寂寞成为一种内心感受，成为生活的常态，这个时候成功看似很遥远，实际上它已经慢慢到来。在努力的路途中，能忍受寂寞，就是在守候成功。

在中国的电影界，李安导演是家喻户晓的人物，他曾执导的《理智与情感》被列入“影史伟大的100部英国电影”榜单。而了解李安生活经历的人都知道，他在实现自己梦想的过程中付出了巨大的代价。

内敛和害羞的李安曾说：“我天性竞争性不强，碰到竞赛，我会退缩，跟我自己竞争没问题，要跟别人竞争，我很不自在，我没那个好胜心，这也是命，由不得我。”这个信命的男人，却以自己强韧的耐心完成了一次生命华丽的蜕变，从一个普通的男人蜕变成响彻国际的大导演。

在李安毕业时，他就凭借作品《分界线》在电影界崭露头角，但毕业之后，他没有找到一份与电影有关的工作，只好一直在家，二人只靠着妻子微薄的薪水度日，李安感到十分愧

疚，为了弥补妻子，他除了阅读和写剧本、看片外，还承担了家里的所有家务，每天将家里收拾得干干净净。

偶尔，李安也会去片场做一些杂活，如帮人家拍拍片子、看看器材，做点剪辑处理、剧务之类的杂事，甚至还有一次去了纽约东村一栋很大的空屋子里帮人守夜看器材。在这段时间，他仔细研究了好莱坞电影的剧本结构和制作方式，试图将中国文化和美国文化有机地结合起来，创造一些全新的作品。

后来，李安回忆起这段日子的煎熬生活，依然十分痛苦。就这样，在拍摄第一部电影之前，他在家里当了6年的家庭主男， 练就了一手好厨艺，就连丈母娘都夸奖："你这么会烧菜，我来投资给你开馆子好不好？"蛰伏了一段时间之后，李安出山了，他开始执导自己的第一部电影《推手》，紧接着，他内心对电影艺术的狂热就好像终于等到了机会发泄了出来，他执导的电影一部接着一部，部部片子都是经典，都为其成功奠定了扎实的基础。

就这样，李安完成了一次生命华丽的蜕变。

令我们佩服的是，李安导演因为自始至终对电影业都怀抱理想和希望，所以他能够在家里做6年的"煮夫"，足见他的忍耐力。在那段煎熬的日子里，他一直蛰伏着，就好像蝴蝶在蜕变之前所经历的一切环节，忍受着寂寞与孤独，忍受着枯燥和痛苦，但他终于以自己的耐心等来了那一天，取得了成功。虽然蜕变的代价是巨大的，但他已经忍受了过来。生活对于人们，也从来都是公平的。

可以说，我们每个人都要学会与自己相处，寂寞也是我们一生中不可缺少的组成部分，伴随着成长，寂寞一步步进入人们的心里，一天天增强扩散。人只有在努力中煎熬，才会慢慢成熟，眼前也才会出现一道道别样的风景。“古来圣贤皆寂寞，唯有饮者留其名”，唐朝著名诗人李白就是一个懂得享受寂寞的人，他自诩孤独的行者，自饮自乐，自歌自舞，承受寂寞，才成就了他“诗仙”的美誉。

在努力过程中，忍受寂寞就是在拒绝诱惑。当对梦想的渴望更强烈，对成功的目标更坚定，承受住寂寞，就是走向成功。过早地妥协，只会让自己离成功越来越远。因此，生活中的我们，要么为了不寂寞而甘于平庸，要么为了成功而甘于寂寞。没有谁的人生是完美的，为了成功先学会承受寂寞吧！

急于求成，反而事与愿违

生活中，我们每个人都有梦想，也就是我们常说的“成功”，每个人心目中都有一个成功的梦。虽然每个人对于成功的标准和定义不同，但是对于成功迫切的追求都是相同的。很多人就像“揠苗助长”里的主人公一样急于求成。殊不知，凡事物极必反，当我们过于追求成功，迫切渴望成功，我们最终必然与成功失之交臂，也很难得到命运的青睐。

成功真的那么急迫吗？当我们努力去做一件事情并且想要获得成功时，我们就应该知道成功是由点点滴滴的付出积聚而成的。要想获得成功，不但如同古人所说的那样要占据天时地利人和，更要讲究现代社会的诸多成功要素，诸如人脉、学识、能力、胆识、魄力等。当然，也需要具备很多外界的客观条件。成功需要如此多方面条件同时达到成熟，就像是静静地期待一朵花开一样，没有耐心的人很难守候到最后。

“我曾经是个200斤的胖子，肥胖带来的苦恼实在太多了，我常常买不到合适号码的衣服，我上公交车，大家都用异样的目光看着我。而让我印象最深的一件事是，有一次，我得了阑尾炎，疼得厉害，爸妈打了急救电话，来了几个年轻的女护士，她们要把我抬上救护车，但我太胖了，女护士们根本抬不动我，被折腾了好久……自打这件事后，我告诉自己，无论如何，一定要减肥，这样胖下去实在太苦恼了。我也明白，对于一个200斤的大胖子来说，立即减成一个苗条的人并不大可能。于是，我给自己订立了一个运动减肥的计划。在第一个月的每天，我运动一个小时，每天不吃零食；第二个月，每天运动一个半小时……刚开始的几天，我觉得每天锻炼一个小时都很吃力，因为我以前是个连走路都会大喘气的人，不过我还是坚持了下来，第一个月结束的时候，我去称了下体重，我居然减了20多斤，这实在太神奇了。就这样，我继续完成了接下来的两个月的锻炼计划。现在，我身上的肥肉已经都不见了，而且，最重要的是，我已经养成了锻炼身体的习惯……”

其实，和锻炼身体一样，做任何事情，都不可能“一口吃成个胖子”。我们可以先为自己定一个可以轻松实现的目标，这个目标的实现能增强我们的自信心，帮助我们成功克服更大的难题。问问我们自己：我是否也急不可耐地想要获得成功呢？

如果答案是肯定的，那么一定要马上戒骄戒躁。当然，所谓有则改之，无则加勉，如果我们本身就做得很好，能够做到心平气和地面对成功，从容不迫地追求成功，就更能够事半功倍，距离成功越来越近。

作为世界上大名鼎鼎的登山高手，罗塞尔和很多世界顶级登山高手一样，也始终以摆脱氧气瓶问鼎高峰为目标。所以，他经常不带氧气瓶，就去登山。在缺乏氧气的情况下，他成功登上了乔戈里峰，这是举世公认的世界第二高峰。

对于大多数登山者而言，他们的极限都在海拔6000米。这是因为当到达海拔6000米的高度时，空气变得特别稀薄，使人感到无法喘息。然而，罗塞尔成功突破了人类的极限，他在没有携带氧气瓶的情况下，攀登到海拔6400米的高峰。对于罗塞尔创造的奇迹，很多人都觉得难以置信，因此有记者专程采访罗塞尔，向他询问登山时的情况。

罗塞尔说：“其实，每个人在到达6000米以上的高度时，都会觉得缺氧，这是人体正常的生理反应。不过，我并不觉得缺氧是阻止我们继续向上攀登的障碍。我们之所以到达6000米的高度就无法继续前进，是因为我们太急迫地想要获得成功。这种急切渴望成功的欲望，会让我们的身体热血沸腾，也会使我们无法继续保持淡定从容。我们的意志力动摇，因而心绪起伏不平，我们也越发渴望氧气，最终失去攀登高峰的力量。要想成功攀登高峰，我们首先应该保持内心平静，清除一切的私心杂念。要知道，我们的内心欲望越多，我们就越需要大量的氧气。所以要想在空气稀薄的地方生存，我们就必须摒弃所有的私心杂念。”

从罗塞尔的话中我们不难总结出经验，即作为一名登山者，过于急迫地渴望成功，是不可能顺利攀登高峰的。同样的道理，满心只想要获得成功，而且在接近成功的过程中始终一叶障目、不够淡定的人，也是无法获得成功的。归根结底，适当的欲望能够刺激我们不断进取、为了追求成功而努力，但是当欲望成为负累，甚至成为困扰我们的囚牢，我们就无法继续轻装上阵。我们当然要为自己树立目标和方向，但是我们却不能只顾着奔向目标，而忘记欣赏沿途的风景。我们只有调整好自己的生活节奏，做到劳逸结合，才能真正拥抱和享受人生。当然，在不断奋斗和拼搏的过程中，我们也要不忘初心，这样才能最终迎来成功。

过早地成功，会冲昏我们的头脑

只要你细心观察，就会发现，自古至今，大凡成功者，无不是经历了一番“寒彻骨”，在磨难和痛苦中，他们练就了一身的本领和打不倒的意志。当然，这并不是要告诉我们应该放弃对成功的追求，而是要让我们学会锻炼自己的韧性，无论现下的情况如何，都不可过分张扬，也不可就此松懈。

哲人尼采说：“年少有成，被人追捧，会让他们变得骄傲，失去正确的价值观，忽视年长者的教训以及脚踏实地的重要。不仅如此，他们还会迷失成熟的意义，自然而然剥离出由成熟所维持的文化环境。他人随着时间的推移日渐成熟，工作的内涵也越来越深。而他们却难以成长，总是如此幼稚，喜欢炫耀过去的成功与功绩。”

尼采要告诉我们的是，没有人能随随便便成功，过早地成功，会冲昏我们的头脑，让我们变得浮躁，失去正确的价值观，并失去发展的机会。一个人只有经历痛苦、失败，才能明白成熟的真正含义，才能成为一个具备成功者资质的人。

从前，有个叫仲永的孩子，他很小的时候，就表现出了与众不同的才智。

5岁的一天，他突然哭闹着要纸和笔，可他们家里实在是太穷了，哪里有闲钱买这个呢？于是，他的父亲只好从邻居那里借来这些东西，看到纸笔后，他马上不哭了，还写了一首诗呢！

很快，方圆几十里的人都听说了有个没读过书的5岁孩子居然会写诗，而且能“指物作诗”。人们对此感到惊奇，因此渐渐有人请仲永和他的父亲去做客，有的人还特意花钱请仲永题诗。他的父亲见有利可图，便每天都领着仲永四处拜访，根本不让仲永有学习的时间。

仲永本身是个资质不错的人，最终却“泯然众人”。这也向我们证实了尼采的观点——过早地成功也是一种危险。因为，过早地尝试成功的滋味，会让一个人变得懈怠，对于那些年轻人来说，这无异于一种毒药，会让他们停滞不前。

相反，真正有所成就的人都是在等待和忍耐中历练自己，无论年纪多大，也不会放弃梦想，为此，在古今中外的历史上，我们看到了不少大器晚成的故事。

事实上，一个人的成才与事业成功和年龄并无直接的关系，而是在于内心有一颗永不熄灭的、火热的心始终对梦想有着强烈的冲动，只要你一直坚持走心中向往的那条路，即便你已经年逾古稀，你依然能驾驭自己的人生，实现自己的人生价值。

当然，要想获得最终的成功，我们还需要从多个方面努力。

1.做事要有条理有秩序，不可急躁

急躁是很多人的通病，但任何一件事，从计划到实现的阶段，总有一段所谓时机的存在，也就是需要一些时间让它自然成熟。假如过于急躁而不甘等待的话，经常会遭到破坏性的阻碍。因此，无论如何，我们都要有耐心，压抑那股焦急不安的情绪，如此才不愧为真正的智者。

2.立即行动，勤奋才能产生行动

我们都知道勤奋和效率的关系。在相同条件下，当一个人勤奋努力地工作时，他所产生的效率肯定会大于他懒散工作时的效率。高效率的工作者都懂得这个道理，所以，他们能够投入实际的行动，能够收获成就感和满足感。

3.低调中修炼自己，积累自己的实力

这需要你把每件任务都当成自己唯一的追求去做，不达目的决不罢休，调动所有的储备和资源，寻求一切可能的帮助。没有这种锲而不舍的精神，你可能一辈子也做不成什么大事。

当然，我们强调要养精蓄锐，火候未到、锋芒不露，但这并不等同于让你做事畏首畏尾，不敢放手施展抱负。只是凡事都该有个“度”，张扬与内敛之间，就看你如何把握！

唯有顽强和坚韧，才能跑完人生的马拉松

人生就像是一场奔跑，前文说过，我们应该一鼓作气，才能以最佳状态跑完全程。其实，要想完成全程还有一个诀窍，这也是很多马拉松选手都熟知的，那就是：要想跑完马拉松，最重要的不是在刚开始时就进行百米冲刺，把所有选手都远远甩在身后，而是保持体力，保持一定节奏，这样才能以最佳状

态跑完全程。

很多人都知道跑马拉松和百米赛跑是不一样的，百米赛跑拼的是爆发力，需要人们在第一时间就爆发出所有的力量，也要求人们从起跑开始就把所有选手都甩在身后，这样才能在短暂的时间里遥遥领先。马拉松比赛则完全不同，在比赛开始就使出浑身力气想要遥遥领先的选手， 往往都是缺乏经验的新手，真正熟悉马拉松比赛的选手不会在发令枪响之后就如同离弦的箭一样奔跑，而是会保持体力，保持匀称的速度，尽管开始时有些落后，但是超越也并不急在一时。

很多人都知道骆驼是沙漠之舟，在沙漠残酷的环境中，即便是骏马也无法保持良好的体力，但是慢吞吞的骆驼却能够顺利走出沙漠。尽管和骏马相比，骆驼走得太慢了，但是骏马很快就会在沙漠中精疲力竭，骆驼却能始终保持匀速前进，最终到达目的地。由此可见，在沙漠中，骏马也不得不对骆驼甘拜下风。人生也是如此。人生不是百米冲刺，而是马拉松，跑得最快的未必能够跑完全程，只有极具耐力和毅力的人，才能到达终点，成就人生的辉煌。

细心的人会发现，成功者尽管各有所长，成功的经历也不完全相同，但是他们都有一个共同点，那就是不达目的誓不罢休。不管他们在成功的过程中遭遇多少坎坷挫折，他们始终都能不忘初心，坚持不懈。他们的顽强和坚韧，让每一个人对他们都敬佩不已。而那些失败者之所以失败，并非完全因为能力不足，或者运气不好，而是因为他们缺乏坚持不懈的顽强毅力，在失败面前也没有耐性。

如今，全世界的孩子都知道史努比，也都很喜欢史努比，因此，很多人都知道了关于史努比之父——查尔斯·舒尔茨的人生经历。作为美国著名的漫画作家，舒尔茨曾经却是个智力低下的孩子。

在小学和中学的学习中，他的各科成绩都很差，不仅英语和数学不及格，物理更是考了让人尴尬的零分。后来，他好不容易才进入学校的高尔夫球队，但是球队也输掉了重要的比赛，他不由得觉得万分沮丧。在人际交往方面，他也很薄弱。因为他身上没有任何闪光点，所以几乎所有同学都对他采取视而不见、视若无睹的态度。即便偶尔与他迎面碰上，也很少有同学会与他打招呼。即便如此，他也没有自暴自弃，他觉得自己在绘画方面具有天赋。

读中学期间，他把自己辛辛苦苦创作的漫画提供给年鉴使用，但是被拒绝了，然而他依然坚信自己在绘画方面有特长，因而在离开学校之后，他带着绘画作品来到迪士尼工作室，尽管得到了工作的机会，但是最终还是以被辞退告终。对于他而言，这一系列的挫折和打击无疑很残酷，但是他没有放弃，依然决定用漫画的形式表现自己的人生。他画出了自己的失败，也画出了自己的一无所成，最终他漫画中的小狗史努比终于从他的绘画作品中走出来，在每一个热爱漫画的人心中生根。他成为了风靡全球的史努比永远的父亲。

尽管舒尔茨在刚开始时表现低能，学习成绩也很差，但是他非常相信自己的绘画才能。尽管绘画才能也屡次遭到否定，但是他从未失去信心，而是坚持不懈，依然竭尽全力创作漫画作品。他成功了，他最终实现了自己的梦想，也成就了自己的辉煌人生。

相信生活中有很多人都和舒尔茨一样，在人生刚刚开始起跑的时候并不能遥遥领先，甚至还远远地落后于人。然而只要保持一颗坚定执着的心，坚定不移地朝着梦想的方向继续努力，我们最终就一定能够战胜自身的局限，创造人生的辉煌。舒尔茨用五十年的时间坚持梦想，跑完了人生的马拉松，你呢？如果不够坚持，就不要抱怨命运，毕竟一分耕耘一分收获，一份付出一份回报，我们只有做到极致，才能跑完人生的马拉松。

第五章

独立思考，坚持自己内心的声音才会获得独属于你的成功

独立思考，别人云亦云

我们知道，人应该都是独立的，而人正是因为独立行走，才脱离了动物界而成为万物之灵。我们的成长过程就应该是一个逐渐独立与成熟的过程，而那些成功者通常都有自己的主见，不会人云亦云。因此，生活中的你，如果也有自己的梦想，就大胆地去做，对于别人的意见，你可以参考，但不要被其左右。

然而，生活中的不少人，到需要选择自己未来方向的时候，他们还是会轻易地听了别人的话、顺了别人的心。其实你应该懂得“鞋子合不合适只有脚知道”的道理。别人的意见只能作为参考。如果别人的意见轻易地左右了你的决定，那只能是你的错，不要事事都听别人的，你应该多听听自己的。

许多事例证明，别人给予你的意见和评价，往往是不正确的。音乐家贝多芬在拉小提琴时，他宁可拉自己的曲子，也不愿做技巧上的变动，为此，他的老师曾断言他绝不可能在音乐这条道路上有什么成就。

20世纪最伟大的科学家爱因斯坦4岁才会说话，7岁才会认字。老师给他的评语是“反应迟钝，不合群，满脑袋不切实际的幻想”。

大文豪托尔斯泰读大学时因成绩太差而被劝退学。老师认为他“既没读书的头脑，又缺乏学习的兴趣”。

如果以上诸位成功人士不是走自己的路，而是被别人的评论所左右，那他们就不会取得举世瞩目的成就。

我们不难发现，社会上有一些富家子弟，他们受到了教育的“温室效应”的毒害。教育的“温室效应”主要是指受教育者受到家庭、社会、学校尤其是家庭方面的溺爱，造成他们任性固执、追求享受、独立性差、意志薄弱、责任感淡漠等不良的性格。对于他们来说，破除对他人的依赖极为重要。

我们也应该获得启示，凡事靠自己，形成独立的性格，才能真正成长为一个顶天立地的人。为此，要培养自己做事有主见的性格，如果你是一个有依赖性的人，那么从现在起，你必须学会自控，学会独立面对各种生活问题。

1.摒弃随波逐流的思想

任何人想要独立行走于世，都要学会独立思考，要有自己的主见，这就要求我们不能凡事随大流，不能盲目听从别人的话，否则就会没有自我和个性，成为别人的附属品，这样的人活着有什么意义和价值呢？

我们想要做出一番成就，也必须要做到训练自己进行独立思考，要做到全面、正确地认识客观事物，通过由表及里、由此及彼、去粗取精的加工过程，抓住事物发展的规律，结合自身的条件，制订符合实际的理想和奋斗目标，在实施中根据客观事物的发展变化修正理想和目标，使人生幸福之路永远长青。

2.有主见并不是固执己见

遇事有主见、有思想，但不代表我们要固执己见，也不是鼓励我们在一条道上走到黑，更不是让我们听不进别人的意见，恰好相反，听进去别人的意见就是要虚心接纳别人的意见，有则改之，无则加勉。善于把个人主见讲给别人听，取得别人的认同、支持和帮助。从实践中来再到实践中去，不断地升华个人的主见，使得个人主见不断地完善和发展。

3.始终明白求人不如求己

面对人生的困境，你要懂得，求人不如求己。总想着依靠他人帮助，总想有人能在危难时搀扶你一把，那么你永远也无法完成任何伟大的事业。只有自主的人，才能傲立于世，才能力拔群雄，也才能开拓自己的天地。潜能激励专家魏特利曾说过这样的话："没有人会带你去钓鱼，要学会自立自主。"

4.不要总是指望他人的帮助

我们必须肯定一点，人生在世，谁都不可能单打独斗，谁都会求人，也需要他人的帮助。例如，父母的养育、师长的教诲、朋友的关爱、社会的鼓励……可以说，人从呱呱坠地那一刻起，就已开始接受他人给予的种种帮助。

然而，正是因为认识到这点，一些人甚至认为别人就应该帮助自己，他们遇到事就求人，奢求他人的帮助。这样的人，显然不可能在生活上自立自强、在事业上有所作为。有句话说：靠吃别人的饭过日子，就会饿一辈子。

英国历史学家弗劳德所说："一棵树如果要结出果实，必须先在土壤里扎下根。"同样，一个人首先要学会依靠自己、尊重自己、不接受他人的施舍、不等待命运的馈赠。只有在这样的基础上，才可能做出成就。

有什么样的想法，就会有什么样的命运

在任何关键的时候，正确的想法都是解决问题的唯一途径。想法是大脑的活动，人的一切行为都受它的指导和支配。想法虽然看不见、摸不到，但它真实地存在着。有什么样的想法，就会有什么样的命运。在现实生活中，我们常听人说，"我一天到晚都很忙，忙得都没有时间去想。"然而，就是"没时间去想"这五个字，成为成功与失败的分水岭。平庸的人只知道"埋头拉车"，而那些睿智的人则会努力想出解决事情的最好方法。纵览名人的成功史，你会发现，所有伟人的成就在开始时都不过只是一个想法罢了。

有一位才华横溢的年轻画家，早年在巴黎闯荡时一直默默无闻、一贫如洗，连一张画都卖不出去，因为巴黎画店的老板只寄卖名人的作品，年轻的画家根本没机会让自己的画进入画店出售。

但是，这一天，画店来了一位顾客，向老板热切地询问有没有那位年轻画家的画。画店老板拿不出来，最后只能遗憾地看着顾客满脸失望地离去。

在此后的一个多月里，不断有顾客来店里询问是否有年轻画家的画，画店的老板开始为自己的过失感到后悔，迫切地渴望再次见到那位如此“有名”的画家。

就在老板十分焦急之时，这位年轻画家出现在了画店老板的面前，他成功地拍卖了自己的作品，并因此而一夜成名。

原来，当这位画家兜里只剩下十几枚银币时，他想出了一个聪明的方法：他用钱雇佣了几个大学生，让他们每天去巴黎的大小画店四处转悠，每人在临走的时候都要询问画店的老板：有没有这位画家的画？哪里可以买到他的画？

这个充满智慧的年轻画家便是毕加索。

金子不是在哪里都会发光的，譬如，当它还埋在沙土中的时候；同样，也不是每一位有才华的人就一定会飞黄腾达，当机遇没有来到的时候，怨天尤人也无济于事。这时，我们不妨学一学毕加索，动一动脑筋，想一个聪明的办法来创造自己的机遇。如此，成就说不定也就不期而至了。

这一天，日本松下公司准备从新招的三名员工中选出一位做市场策划，于是对他们进行上岗前例行的“魔鬼训练”。

公司将他们从东京送到广岛，让他们在那里生活一天，按最低标准给他们每人一天的生活费用——2000日元，最后看他们谁剩的钱多。

第一位先生非常聪明，他用500日元买了一副墨镜，用剩下的钱买了一把二手吉他，来到广岛最繁华的地段——新干线售票大厅外的广场上，扮起了“盲人卖艺”，半天下来，他的大琴盒里已经是满满的钞票了。

第二位先生也非常聪明，他花500日元做了一个大箱子放在最繁华的广场上，箱子上写着“将核武器赶出地球——纪念广岛灾难四十周年暨为加快广岛建设大募捐”。然后，他用剩下的钱雇了两个中学生做现场宣传讲演，还不到中午，他的大募捐箱就满了。

第三位先生像是个没头脑的家伙，或许他太累了，他做的第一件事是找了个小餐馆，要了一杯清酒、一份生鱼、一碗米饭，好好地吃了一顿，一下子就消费了1500日元。然后，他钻进一辆被废弃的丰田汽车里美美地睡了一觉……

广岛的人真不错，第一位和第二位先生的“生意”都异常红火，一天下来，他们为自己的聪明和不菲的收入暗自窃喜。谁知，傍晚时分，厄运降临到他们头上——一名佩戴胸卡和袖标、腰挎手枪的城市稽查人员出现在广场上。他摘掉了“盲人”的眼镜，摔碎了“盲人”的吉他；撕破了募捐人的箱子并赶走了他雇的学生，没收了他们的“财产”，收缴了他们的身份证，还扬言要以欺诈罪起诉他们……

当第一位先生和第二位先生想方设法借了点路费，狼狈不堪地返回松下公司时，已经比规定时间晚了一天，更让他们脸红的是，那个“稽查人员”已在公司恭候！原来，他就是那个在饭馆里吃饭、在汽车里睡觉的第三位先生，他的投资是用150日元做一个袖标、一枚胸卡，花350日元从一个拾垃圾的老人那儿买了一把旧玩具手枪和一副化装用的络腮胡子。当然，还有就是花1500日元吃了顿饭。

从上面这个案例中可以看出，在正式努力之前，拥有绝妙的想法相当重要。有的人非常努力，却收效甚微，他以为是天分的问题，却从来不思考是不是努力的方式出现了问题，即在努力之前，根本没有想出可行的想法，就盲目努力，最终他当然无法达成既定目标。

没有做不到的，只有想不到的。对于敢“想”、会“想”的人来说，这个世界上不存在困难，只存在着暂时还没想到的方法，而方法终究是会想出来的。所以，对于有想法的人来说，一切困难都会止步于他们的脚下，而成功则会大步流星地向他们走来。

始终做自己，不必为了迎合别人而牺牲自己

古希腊哲学家赫拉克利特曾经说过：“一个人不可能走过相同的一条河流两次。” 赫拉克利特的话语中透露着哲学的唯

一性和世间万物不断的变化性。诚然，我们的人生其实也各有各的不同，这世上从来就不会有脉络完全相同的两片树叶，因此，我们大可不必为了迎合别人而牺牲自己，更不必因为看到别人的优秀而慌了我们自己的阵脚。

前段时间，看到这样一篇报道：现实生活中，“焦虑”已经成了很多人生活中的一部分。当一天下班时间近在眼前，还有一堆事情来不及做的时候；当房贷车贷信用卡压着你的时候，饭也吃不好，睡也睡不着；当看到朋友圈各种“烧钱养娃记”的时候，担心自己以后可能连孩子都养不起。报道中有一则视频反映出的数据更是令人触目惊心：每年，中国有55万人猝死。

什么是猝死？猝死就是毫无征兆的突然就死掉了。猝死的原因可能有很多，但是却有一个共通点令人深思：猝死之前，他们往往都工作了很久，非常劳累，非常疲惫。这就意味着，每年中国仍有不计其数的人，每日都生活在过度劳累之中。他们虽然也许没有严重到死亡，但是生活的确也并不畅快。而这一切，都是因为焦虑。焦虑自己失败，焦虑自己落后，焦虑自己被抛弃，焦虑自己输给同龄人，于是拼命工作。而后果就是，数据显示：有超过90%的年轻人，其实都是处于亚健康状态，超过7成的白领，有过劳死的风险。

我们常常用“标配的人生”来定义自己的成败，毕业三年之内月薪三万，结婚之前有房有车，30岁之前实现财富自由等，少年成名赚大钱的例子被无限放大。似乎没有了这些，我们就不配活，我们就不配结婚生小孩，我们就不配做人，我们的人生就很廉价，但是事实真的如此吗？

心理学家格赛尔曾经做过这样一个著名的双生子实验：他让一对同卵双胞胎练习爬楼梯。一名孩子在出生后的第48周开始练习，每天练习10分钟，代号为A，另一名孩子则从出生之后的第53周开始同样的练习，一样每天练习10分钟，代号为B，两个孩子都练习到出生后的第54 周。在第54周结束的时候，格赛尔为两个宝宝举办了一次爬行比赛用以检测练习的效果，然而，最终的结果却出乎所有人的意料：并不是A获得了胜利，两个孩子爬楼梯的水平几乎是一模一样，不管是速度还是方式，并没有显示出本质的差别。如果不算A练习了7周，B只练习了2周这点差异的话，根本看不出任何的差别。

生活其实也类似于这样的实验：生活在这个世界上，我们每个人都有自己的时区和生长规律，违背自然的“揠苗助长”除了增加没有必要的焦虑，没有额外的好处。所以，很多时候，并不是所有的事情都是越快越好，也不是所有的人天生都适合加速飞跃。在这世界上，纵观古今中外有所成就的人，厚积薄发、大器晚成的人比比皆是。毕竟，人生从来不是一场短跑比赛，而是一场马拉松。

在一定范围内的生活焦虑是你前行的动力与刺激。而过了这个你能控制的范围，焦虑就成了阻碍、成了抑郁、成了疾病，甚至成了死亡。因此，找准自己的目标，找准属于我们自己的时区，在自己的时区里，不断地自我练习、学习进步，不断地提高就好，你没有迟到，更没有落后。就像国外曾经流行的那首小诗所说的：纽约的时间比加州的时间早三个小时，但是加州的时间并没有变慢；有人在22岁就毕业了，但是等了五年的时间才找到了合适自己的工作；有人在25 岁就当上了企业的CEO，却在人生50岁的时候匆然离世；也有人直到50 岁才成了梦想中的CEO，然后活到了人生的90岁；同样的年纪里，有人依然单身，有人却早已成婚；奥巴马55岁的时候就退休了，特朗普70岁的时候才开始当总统……

这世上每个人本来都有自己的发展时区。观察你身边的同龄人，有些人看似走在了你的前面，有些人看似走在你的后面。但其实，每个人都有自己的发展时间和属于自己的人生步程，我们大可不必羡慕嫉妒或是嘲讽轻视。生命总是在等待着属于我们各自正确的行动时机，在命运给你安排的属于你独一无二的时区里面，一切都很准时，而我们需要做的就是积蓄力量，勇敢地、坚定地做自己。

适时转换一下思维，问题就豁然开朗

人们经常会提到逆向思维，强调逆向探索的重要意义。但是在现实生活中，大家还是习惯于常规思维。因此，很多实际可以解决的问题，就被人们看成无法做到、难以解决的问题。

生活中这样的事例有很多，明明很简单的事情，总是被人为地复杂化了。有时候只需转换一下思维，问题就豁然开朗。

几位以高智商著称的博士在一家餐厅吃饭，发现餐桌上调味瓷罐的标识有误，盖子上标志为“盐”的罐子里装的是胡椒粉，而标志为“胡椒粉”的罐子里装的却是盐。

于是一个新课题出现了：怎样借助餐馆现有的工具，在没有抛洒的情况下，将两瓶调料对调过来？

博士们开动了聪明的大脑，提出了一个又一个方案。大家都认可的最佳方案是将两罐调料倒入空碟子里，然后将餐巾纸卷成漏斗状，让调料各就各位回到罐子里。如此完美的方案让大家都兴奋起来，博士们挽起袖子，准备亲自动手。

他们这边的热闹吸引了一个年轻的服务员，服务员走了过来，问明情况之后，什么也没说，只是拿起盐罐和胡椒粉罐的盖子互换了一下。

从实际出发，在实践中思考，在思考中实践，思考得越深，就会实践得越好。实践是一种磨砺，思考同样是一种磨砺，而且是一种更深层次的磨砺。

换一种思维，就会从另外一个方面判断问题，从而把不利变为有利。换一种思维方式，把问题倒过来看，不但能使你在做事情时找到峰回路转的契机，还能帮你找回应对一切波折险阻的从容心态。

只要思路理顺了，这个世界上就不存在困难，只存在暂时还没想到的方法，然而方法终究是会想出来的。当你面临一个难以解决的问题时，应该这样想：“是不是还有另外一条事半功倍的道路可以试一试呢？那样或许会获得成功。”事情怎么做，本来没有一定之规，能够因势利导，以小的付出换得大的回报，就是此中高手。

有些事，看起来千头万绪，无从入手。而事实上，在每件事情中起决定性作用的还是思路，思路通则事通。

一般情况下，“直接式”处理问题，能快捷、迅速、及时地把问题搞定，是处理一般性问题的很好方式。对于那些非常困难的问题，转换一下思路，另辟蹊径，也是一种巧妙的策略。其实它是转化矛盾，使之逐渐趋于和平，直至最后彻底解决矛盾的一种特殊方法。

被难题困扰时，不妨换个思路

我们常常会听人说：这件事真是左右为难啊！怎么做怎么错！的确，在生活中我们每个人都遇到过无法选择的两难之境。这种情况下，我们应该如何去解这些看似无解的方程？

可以设想下面这样一种场景：

在一个风雨交加的夜晚，你开车经过一个公交车站。站牌下有三个人正在焦急地等公共汽车。一个是突发急病的老人，他需要马上去医院；一个是医生，他曾全力救治过你的母亲，你一直想报答他；还有一个女子，她是你的梦中情人，也许错过就再也找不到了。但你的车只能再坐下一个人，你会如何选择？

出于道义，你应该救助那位老人；为了自己的良心，你要回报那位医生；遵从你的自然欲望，你要和那位女子相会，错过这个机会，你可能永远都不会再遇到一个让你这么心动的人。

无论怎样选择，都会留下另外的遗憾。那么，这种难题如何才能解得开呢？最佳答案是这样的：“给医生车钥匙，让他带着老人去医院，而我则留下来陪我的梦中情人一起等公交车！”

这无疑是最合理、最能兼顾各方面关系的方案。这个方案走出了“我究竟要带走谁”的死胡同，直接根据实际情况解决实际问题。有时候，如果我们能放弃我们的固执、狭隘和优势的话，我们的思路就真正打开了。

一家大公司要招聘一名高级管理人员，最后有三个人经过层层筛选进入面试环节，由公司的董事长亲自把关决定他们的去留。

董事长的题目是这样的：当国家的利益与本公司的利益发生矛盾时，你会怎么处理？

第一个考生说：“我将全力维护国家的利益。”董事长表扬了他的爱国精神，但随即表示：“我们招聘的是公司高层管理人员，如果他不能维护公司的利益，就是没有尽到自己的职责，我们不会要他。”

第二名考生回答说：“我将全力维护公司的利益。”董事长面容变得严肃起来，责问他道：“任何时候，国家利益为先。没有国家利益，公司的利益又依附在哪里？不懂得这个道理的人我们不能接收。”

面试的考场上只剩下第三个考生，他想了一下，淡定地答道：“如果留我在公司任职，我会努力使公司的利益与国家的利益相一致，尽量避免这类问题的发生。”董事长点头认可，第三名考生过了这严峻的一关。

对于这个故事，你可能会对这位董事长招人的方式产生疑问：说得到不等于做得到。第三位考生反应敏捷，给出了完美答案，但是他能否真正把国家利益与公司利益统一还是个未知数。只凭一句话就决定了人才的去留，是否有些草率？

但是这类试题的关键不是究竟能做到哪一步，而是一个人的思维方式的问题。在商场上打滚的人，总要面对各种错综复杂的形势，非此即彼的判断方式，常会碰到一种哪面都不通的两难之境，这时候，能独立思考、另辟蹊径的人的优势就会体现出来。我们姑且不论第三位考生的实际工作水平如何，他能从“这边”或“那边”的圈子里绕出来，从源头上去清理问题，本身就是一种能力的体现。我们在校园里做习题的时候，卷面上的选择无非就是A、B、C、D，等真正要到社会上打拼时，还是应该围绕最大化的利益和最高限度的发展来考虑问题。

千军万马过独木桥，常常会挤得人仰马翻。其实做人也好做生意也罢，要以和为贵，如果都去挤那座狭窄的独木桥，太拥挤的结果，就是有人从桥上掉下去，有可能从此站不起来。争的结果只能是两败俱伤，双方都元气大伤，谁也不可能赚到更多的钱。

条条大路通罗马，当我们面对难以解开的局面时，要学会突破定式、打破常规的思考方式，在生活的其他方面，也可以出其不意、独辟蹊径地解决问题。

与其兜圈子，不妨从问题中跳出来

许多人遇到问题的时候，往往会舍本逐末，只在问题的本身绕圈子。看待其他事物姑且如此，对于切身的问题，更是“灯下黑”，没有一声当头棒喝，永远不会惊醒。

有一个乞丐，一直在一条街上乞讨为生。天上有位神灵看不下去了，他化为凡人下来点化这个乞丐。

乞丐正在向路人鞠躬乞讨，寒冷的北风里，他冻得瑟瑟发抖。神灵长叹一声，走到他面前说：“我如果给你1000元钱，你怎么花它？”

乞丐说：“那太好了，我可以买个手机。”

神灵不解，问他为什么先买手机，乞丐回答说：“我可以用它和这个城市的各个地区联系，看哪里人多，我就去哪里乞讨啊！”

神灵恨铁不成钢，又问：“假如我给你10万元呢？”

乞丐说：“那我可以买部车了，这样以后我就可以开车出去乞讨了，想去哪里就去哪里！”

神灵都要抓狂了，他说：“那我给你一个亿，你来给我花了它！”

乞丐听了眼睛说：“那太好了，我可以把这个城市最豪华的地段买下来……”

终于见效了，神灵很欣慰，这时乞丐又说：“到那时我把我领地的乞丐全撵走，不让他们抢我的饭碗。”

神灵听完，长叹一声，黯然离去。

乞丐之所以一直在乞讨，因为他的思维就是乞丐的思维，除了如何把“乞讨大业”做大做强，他的头脑里容不下其他的概念。他的短视，客观原因是现实社会的消磨。一个人的成长总不能一帆风顺，对于生命中一些大的挫折，也许我们还可以咬咬牙扛过去，怎奈在漫长的日子里，平淡而充满各式各样烦恼的生活年复一年地考验着我们，很多人先是感觉有劲儿使不上，然后就逐渐放弃努力，毫无目标地混下去。唯有真正的强者，才能超越环境，让强者恒强的宣言掷地有声。

思维决定格局，如果你早早地就接受了现实，告别梦想，你的生活也就注定不会有太大的改变。生活中，不少人充满理想，但一旦把自己的理想和现实联系起来的时候，就认为不可能， 而这种“不可能”，一旦驻扎在心头，就无时无刻不在侵蚀着我们的意志和理想， 许多本来能被我们把握的机遇也便在这“不可能”中悄然逝去。其实，这些“不可能”大多是人们的一种想象，只要你能拿出勇气主动出击，那些“不可能”就会变成“可能”。

也许你会产生疑问，为何你是这样的，而不是那样的？也许你对现状不满意，但其实这都是思维和意识的手笔，如果你想改变，就要挖掘出藏在潜意识背后的自己的能量“金矿”。从我们出生来到这个世界开始，我们就在不断地接受外界传达给我们的信息，无论是好的还是坏的，我们都从家里接受熏陶，从学校接受教育，逐渐地，我们有了自己的价值观、想法、观念或者才华、技术等，而能让我们成长和成才的资源也在其中。所以，我们可以说，如果我们想让自己变得更强大，或者希望获得成就的话，就要让积极的思维主导你，成为你生活的支柱。

要创新，也不要忽略事物的客观规律

世界上的万事万物都有着其发生发展的客观规律，如果违背了事物的发展规律，那么，所有的努力都是徒劳的，所起到的效果，也将是南辕北辙、适得其反、事倍功半。对于我们每个人来说，要想早日取得成功，除了要具备必要的艰苦奋斗的优秀品质，还要注意按照事物的客观规律来办事。如果不能做到这一点，那么，等待我们的必将是失败和痛苦。

有一个“把梳子卖给和尚”的营销案例，强调的是能够引导市场、制造需求的营销人员才是好样的，眼光独特，能看到事情的光明面，把不可能经营成可能。

现实真的如此吗？大多数人虽然不很聪明，但也不会很愚蠢。大家都不做，自然有其中的道理。所以，切不要以为“众人皆醉我独醒”，也不要认为只有自己聪明，独具慧眼，能创新，能发现新大陆。你发现的东西，也许人家早发现了，只是证明不行才放弃了。那种认为自己无所不能的自我认知，更是常常会被现实打脸。

赵亮是一家文化传播公司的老板，这几年他接连投资出版了几本畅销书，在业内也小有名气。不过，赵亮并没有满足，他认为这样的赚钱方式太过于缓慢，和他把事业做大做强的理想还有很大一段差距。这时候他看到有同行投资拍网剧大赚了一笔，于是也产生了这方面的意向，他认为这样既能提高公司的知名度，又能增加收入来源。当他把这个打算告诉他的助手的时候，做事一向稳扎稳打的助手对他说：“俗话说‘做生不如做熟’，图书出版是我们的本行，而拍网剧却不知道里面的深浅，盲目投入风险太大。现在涉足这个行业的文化传播公司都是人才济济的大公司，做事情容易出成效。我们公司的员工就那么十几个人，个顶个满负荷运转，如果再分心做其他事的话，根本就不可能取得成功。”但是，赵亮却不以为然，最后他还是拍板投资参与网剧制作。

这项新投资耗费了他大量的精力，他不得不减少对图书市场的研究，最终导致决策的失误。另外，由于公司缺乏做网剧方面的人才，很多工作不得不依赖合作伙伴或者外包公司，最后的市场反响与相关收益都不理想，可以说在图书和网剧两个市场上，赵亮都输得很惨。

对待新领域、新行业，正确的做法应该是，在没有调查研究之前，既不要否定，也不要肯定。经过广泛的、详尽的调查之后再做决定，才是正确的态度。当年肯德基进入中国市场的时候，公司派出一位执行董事前往北京考察。他先在北京几个主要街道用秒表测出行人流量，然后请500位不同年龄、职业的人品尝炸鸡的样品，并详细询问他们对炸鸡的味道、价格、店堂设计等方面的意见。不仅如此，他还对北京的鸡源、油、面、盐、菜及北京的鸡饲料行业进行了详细的调查。然后才得出最终的结论：肯德基打入北京市场，是微利经营，但消费群巨大，仍然大有可为。这才是在广泛收集信息的基础上进行的科学预测，如此得出的结论才是可信可行的。

做事求稳健，这就要求我们不但要明白自己前进的方向，找到前进的道路，而且要对路上每一个小沟、每一个转弯都了然于胸。

有时候，走马观花得来的大概印象，和事物的真实面目总有一定的差距，我们一定要克服急功近利的思想，把事先的准备工作落到实处。为了少犯错误，要注意对情况进行反复分析，并尽量收集新的资料加以检验，时时提醒自己，不可以轻率地下任何结论。人活着肯定要犯错误，但是那种被直观感觉误导的错误应该尽量避免。

开动大脑，不断培养自己的创造性思维

犹太人素来富有经济头脑，在经商的过程中，无论他们所做生意的类别是什么，他们都喜欢出奇制胜，也会想尽一切特殊的方法来让生意红火。而就是这些创新的方法，让犹太人赚取了令人艳羡的财富。

犹太人洛克菲勒曾经说过这样一句话："要取得今天的成功，就要在教育与努力之外再加上这些要素——有创造性的、想象力丰富的心灵。"这句话告诉了我们创造性思维的重要性。的确，当今社会已经是个信息时代，任何成功者，无不是抓住了成功的商机。年轻人，你也应该记住洛克菲勒的话，并学会在日常生活中多开动你的大脑，培养自己的创造性思维和

创造力。

洛克菲勒曾经在写给儿子的信件中提到：“我相信，做任何事都不可能只找到一种最好的方法，最好的方法正如创造性的心灵那样多。没有任何事是在冰雪中生长的，如果我们让传统的想法冻结我们的心灵，新的创意就无由滋长。”

的确，我们处理任何事，都并非只有一种方法，我们若想找到最佳的方法，就要不断改良自己的行为和思想，就要不断发挥自己的想象力。找出完美想法的最佳途径，就是拥有许多想法。

在哈佛的学生中，一直流传着他们的学长史蒂夫·鲍尔默先生的财富故事：

在美国商界，在洛克菲勒家族的财富故事后，也出现了一些后起之秀，其中就包括毕业于哈佛大学的史蒂夫·鲍尔默，他是全球领先的个人及商务软件开发商——微软公司的首席执行官。

犹太人鲍尔默先生于1980年加盟微软，他是比尔·盖茨聘用的第一位商务经理。

鲍尔默从小就很聪明，在他读高中的时候，他的母亲带他参加了全国性的数学大赛，在这次大赛中，他拿到了一个前十名的好成绩，并且拿到了哈佛的奖学金，从此，他顺利实现了他父亲的梦想——考入哈佛。

在哈佛学习的期间，鲍尔默拿到了双学士学位——数学和经济学学位。

鲍尔默告诉曾经在一次新生开学典礼上说“打开你的思路，放远你的视线”。他说，“因为永远有想不到的机会你没有想到，你没有看到，可是这个机会会给你带来一生惊喜的突变。”

这是鲍尔默对自己成功人生的精彩诠释。思路开阔、目光远见的人，常常能够想在人先、走在人前。

同样，在日常生活中，我们做生意、赚钱，如果也能做到出奇制胜的话，也能为我们带来财富。

香港一家专营胶黏剂的商店，为了让一种新型“强力万能胶水”广为人知，店主用胶水把一枚价值千元的金币粘在墙壁上，并宣称：“谁能把金币掰下来，金币就归谁所有。”一时，该店门庭若市，登场一试者不乏其人。然而，许多人费了九牛二虎之力，仍然徒劳而归。有一位自诩“力拔千钧”的气功师专程赶来，结果也空手而归。于是，“强力万能胶水”的良好性能声名远播。

当然，最后这家黏胶剂商店终于如愿以偿了。

在向客户介绍产品时，充分调动客户尝试的积极性是非常重要的。因为这样做，产品带给他们的印象更深，他们对产品的理解也更透彻。

当今社会，任何人要想赚钱，要想做好生意，都不能忽视思维的力量，那些头脑灵活、拥有思想的人在这个社会更有打拼的出路。因为打拼的过程中，谁都会遇到难题，只有开发大脑、出奇制胜，才能做到运筹帷幄，才能解决现下的难题。诚然，在难题面前，任何人都可能会产生一些焦躁的情绪，但焦躁对于事情的解决毫无帮助，我们只有静下心来，才能冷静地思考解决的方法。

生活中，失败平庸者多，除是心态问题外，还有思维能力，他们在遇到问题时，总是挑选容易的倒退之路。“我不行了，我还是退缩吧。”结果陷入失败的深渊。成功者遇到困难时，能心平气和，并告诉自己：“我要！我能！一定有办法。”因此，我们的思维也需要做到与时俱进。有时候，可能你觉得你已经进入了死胡同，但事实上，只是你没有找到出路而已，而改变事物的现状就是运用思维的力量，思路一变方法来，想不到就没办法，想到了又非常简单，人的思维就是这样奇妙。

拒绝新的挑战都是非常愚蠢的。而传统型的想法是我们创造性计划的头号敌人。创新也并不是一时之功，创新更需要我们做到出奇制胜，每一个年轻人都应该让自己的思维变通起来，当大家都朝着一个固定的思维方向思考问题时，你不妨换个方向思索，这实际上就是以“出奇”去达到“制胜”。这种思维方式一旦运用到工作中，效率就会大大提高，你也可能会得到不同寻常、出其不意的成功。

总之，生活中的年轻人，你若希望自己拥有一个灵活的头脑，就要学会在日常生活中重视训练自己的大脑，因为人的大脑就如同一台机器，长时间不使用，它的工作能力就会下降。

21世纪的竞争实质上就是智力的竞争，谁拥有赚钱的智慧，谁就能在社会上如鱼得水。如果没有赚钱的智慧，只是用循规蹈矩的办法挣钱、用钱，终究会被时代列车甩出去。

第六章

相信自己，强大的内心成就最出色的你

只要相信自己，你就有资格获得成功与幸福

埃及人想知道金字塔的高度，但由于金字塔又高又陡，测量困难，为此他们向古希腊著名哲学家泰勒斯求助，泰勒斯愉快地答应了。只见他让助手垂直立下一根标杆，不断地测量标杆影子的长度。开始时，影子很长很长，随着太阳渐渐升高，影子的长度越缩越短，终于与标杆的长度相等了。泰勒斯急忙让助手测出金字塔影子的长度，然后告诉在场的人，这就是金字塔的高度。

那么，你的人生高度该怎样来测算呢？实际上，无论现在你处于什么样的境况，只要你不甘于现状，并积极为未来思考，寻找出路，就没有什么达不到的目标。你要相信自己，你有资格获得成功与幸福！

还有很多人处于贫贱之中，为什么他们没能做出什么成就？如果一个人屈服于贫贱，那么贫贱将折磨他一辈子；如果一个人性格刚毅，敢于尝试，不怕冒险，他就能战胜贫贱，改变自己的命运。所以，如果你渴望成功，渴望获得荣誉，不妨从现在起，为你的目标积极思考吧。不要认为你办不到，不要存有消极的思想，你潜在的能力足以帮助你实现它。

中国有句古语说：人皆可以为尧舜。意思是说，只要你

树立必胜的信心，就能够战胜任何困难，成为杰出的人。当一个人失去自信的时候，就难做好什么，当你什么也做不好时，你就更加不自信，这是一种恶性循环。若想从这种恶性循环中摆脱出来，重建自信心，我们不妨先从最有把握做好的事情做起，用不断取得的成功来建立我们的自信心。

的确，无论做什么事，都有可能遇到困难，在困难面前，大多数人会选择放弃，而只有少数人还能坚持到最后，因为他们坚定地相信自己坚持下去就一定会取得最后的成功，而大多数人却被暂时的困难和挫折蒙蔽了自己看到希望的眼睛！

高尔基有句名言："只有满怀自信的人，才能在任何地方都把自信沉浸在生活中，并实现自己的意志。"古往今来，成功人士虽然从事不同的职业、具有不同的经历，但有一点是共同的：他们对自己都充满自信，由此激励自己自爱、自强、自主、自立。

著名作家艾默生曾说过："自信是成功的第一秘诀。"这句话告诉我们，人的潜力是无穷的。如果你对自己有足够的信心，你就会发现自己原来拥有这样大的潜力，原来自己可以做到许多事情。如果你想有个辉煌的人生，那就把自己扮演成你心里所想的那个人，让一个积极向上的自我意象时时伴随着自己。在北京大学的课堂上，老师经常为学生讲述一个来自美国哈佛大学的调查结果，一个人能否胜任一件事，有85%取决于他的态度，15%取决于他的智力。如果他自信，事情肯定会办好。

同样，生活中的人们，也应该培养自己的自信心，自信的人到哪里都光彩夺目。为此，你要告诉自己：我是最棒的。拥有这样的信念，无论何时，你都能有优秀的表现，都能挖掘出你意想不到的潜力。

对自己充满信心，是成功的重要原则之一。检验你的信心如何，要看在你最需要的时候是否应用了它。有时候由于心中没有蕴藏着自信，所以我们发现不了近在咫尺的矿藏。

从心理学的角度说，信心可以决定一个人的成败。假如这个人是自卑的，那自卑就会扼杀他的聪明才智，消磨他的意志。

成功者自信，失意者自卑。一个人只要有自信，那么他就能成为他所希望成为的人。无论你想成为什么样的人，从现在起，只要你不断积累信心，然后朝着目标奋进，你就能成功！

自信是对自己的高度肯定，是成功的基石，是一种发自内心的强烈信念。我们需要自信，无论在生活中还是工作中，一个自信的人，经常看到事情的光明面，必能尊重自己的价值，同时也尊重他人的价值。因为自信是个人毅力的发挥，也是一种能力的表现，更是激发个人潜能的源泉。

1.不断学习，让自己具有硬实力

在今天，素质决定着命运。当然，在具备这点后，你就要实事求是地宣传自己的长处、才干，并适当表达自己的愿望，这样才能让别人更加了解你，也能给予你更多机会。

2.不断挑战自己

任何一个人，在这个快节奏、高效率的时代，要想脱颖而出，要想进步，就必须做到不断挑战自己。要知道，一个人的能力是需要不断挖掘的，只要我们相信自己、欣赏自己、摒弃自卑，我们就能在生活、职场中不断彰显自己的能力和价值。

总之，我们需要记住的是，自信使不可能成为可能，使可能成为现实。不自信却使可能变成不可能。一分自信，一分成功；十分自信，十分成功。在经济飞速发展的今天，各种机遇和挑战无处不在。我们不妨自信一点，给自己一个发挥长处的机会，初登舞台，放低姿态；站稳脚跟，慢慢发展；等到机会出现，就一定要大胆出击。

你是独一无二的，无需自卑

在我们生活的周围，有不少人喜欢拿自己和别人对比，相比之下，他们发现自己在很多方面都不如人。例如工作能力不如同事，工资不如同学，孩子没别人的聪明，自己太瘦、太胖或者太矮等，所以他们觉得自己一无是处。其实，你要明白一点，你永远也不可能是这个世界上最优秀的人，所以你不必自卑。每个人都是独一无二的，没有人和你一样，这就好比任何两片树叶或任何两朵雪花都是不同的，你不必与别人一较高下，因为你是独特的。

每个人内心的自卑都不是来自经验或者事实，而是来自其对事实的结论或者看法。例如，你没法唱出动听的歌声，无法在世界级的舞台上翩翩起舞，但这并不代表你是个“不行”的人，你所有负面的想法都源于你在拿别人的标准在衡量自己。

在北卡罗来纳州，有个叫艾迪斯·阿尔雷的女士，她给心理医生写了一封信，信的内容是这样的：

“在我很小的时候，就是一个羞涩、敏感的女孩，我身形肥胖、脸颊上很多肉，这让我显得更臃肿了。我的母亲是个很古板的女人，在她看来，把衣服穿得很合身是一件愚蠢的事，这样也容易把衣服撑破，所以她一直让我穿那些宽大的衣服。

“我很自卑，从来不敢参加任何朋友的聚会，在我身上也没发生过任何让我开心的事，同学们组织的活动我也不敢参加，甚至就连学校的运动会我也不去。我太害羞了，在我看来，我肯定是与别人不一样的。

“在我成年后，我很顺利地结了婚，我的丈夫比我大几岁，但我还是无法改变自己。我丈夫一家子都很自信，我也一直想和他们一样，但我根本做不到。他们也曾几次努力想要帮助我，但结果还是未能如愿，这让我变得更害羞了。我开始紧张易怒，不敢见任何朋友，甚至门铃一响我就紧张起来，我想我真是没救了，我怕丈夫察觉出这个糟糕的我，因此努力假装得开心一点，有时候还表现过火了，因为事情过后我都觉得自己累得虚脱了，但我没办法入睡。最后，我开始怀疑自己是否应该继续活下去，于是，我想到了死亡。”

当然，艾迪斯太太并没有自杀，那么，是什么改变了她的想法呢？只是她偶然听到的一句话。在给心理医生寄去的那封信里，她提到了此事：

“改变我自己和我的生活状态的，只是偶然间我听到的一句话。这天，我和婆婆谈到了教育的问题，她谈到自己的教育方法：‘无论我的孩子遇到什么，我都告诉他们要保持自我本色。’

“‘保持自我本色’，这简短的一句话就像一道光一样从我的脑海中闪过，我突然发现，原来所有在我看来的不幸都只是因为我把自己放置到某个模式中去了。

“在听到这句话后，我瞬间发生了改变，我开始遵循着这句话生活，我努力认清自己的个性，找到自己的优点，我开始学会按照自己的喜好、身材去搭配衣服，以此提升自己的品位。我开始主动走出去交朋友，我加入一个小团体中，每次当大家叫我上台参加某个活动时，我都鼓足勇气，慢慢地我大胆了很多，这是一个长期的过程，但我确实发生了不少变化。我想，当我以后教育我的子女时，我一定会告诉他们我的这一段经历，我希望他们能记住：无论何时，都要保持自我本色。”

威廉·詹姆斯曾说过这样的话：“一般人的心智使用率不超过10%，很多人都不了解自己到底还有些什么才能。人们往往对自己设限，因此只运用了自己身心资源的一小部分。实际上，我们拥有的资源很多，但却没有成功地运用。”

好莱坞著名导演山姆·伍德曾说，对于他来说，最头疼的事就是让那些年轻的演员保持自我，他们每个人都想成为翻版的拉娜·特纳和克拉克·盖博，可是观众想要点“新鲜的味道”，而不是那种他们已经“尝过”的。

既然我们有那么多未被开采的潜能，那么，你又何必担心自己不如别人呢?

任何一个因为比较而导致自卑的人都应该明白，在这个世界上，不会有第二个你，现在没有，以后也不会有。这一点，我们能从遗传学书籍中找到证据。我们每个人都是由父亲和母亲的23条染色体组合而成的，决定我们遗传的，就是这46条染色体，每一条染色体中，还有数百个基因，任何一条单一的基因又能影响甚至改变我们的一生，这就是令人敬畏的人类生命的形成。自从你来到这个世界上，你就是独特的，你应当为此而雀跃，你应该善于运用自己的天赋。其实，那些所谓的艺术，也都是对自我的一种体现而已，你能唱的、画的也都只有你自己，造就你的只有你的经验、环境和遗传。无论如何，你只有在你生命的舞台中演奏好自己的乐器，才能活得精彩。

有足够的自信，才有可能成就人生

人们常说，骄傲使人落后，谦虚使人进步。因此，我们从小就戒骄戒躁，总是认为唯有谦虚，我们才能获得更大的进步，也才能让我们的人生获得更长足的发展。的确，谦虚能够帮助我们保持空杯心态，更加虚心进取，也最终使我们获得成功。但是，凡事皆有度，谦虚一旦过度，就变成自卑，变得和骄傲一样阻碍我们的进步。从某种意义上说，过度的谦虚和骄傲一样使人退步。尤其是在关键场合，人们常常因为自卑变得怯懦，不愿意在他人面前展示自己，也极度缺乏自信。长此以往，他们必然陷入自卑的陷阱之中而无法自拔，也因为害怕失败而与成功绝缘。

黑格尔是德国大名鼎鼎的哲学家，他曾经说："自卑总是和懈怠相伴而行。"从心理学的角度而言，自卑是一种性格上的缺陷，自卑者往往低估自己、缺乏自信，也因而妄自菲薄。纵观古今中外，细心的人会发现，每一个成功者都充满自信，他们相信自己有能力获得成功，并且为此不懈努力，最终才真正获得成功。因而，在追求梦想的过程中，我们一定要看得起自己，摆脱自卑的泥沼，才能展翅翱翔。记住，谦虚和自卑永远有着本质的不同，我们可以谦虚，却不能自卑，更不要妄自菲薄，因为别人无心的评价就轻易改变自己。我们要有足够的自信，相信自己是这个世界上独一无二的个体，这样才能帮助自己成就人生，收获快乐。

库伯作为美国大名鼎鼎的法官，任何人都难以想象出他年轻时是一个多么胆小怯懦的人。原来，库伯出身贫寒，他的父母都是贫穷的人，父亲是个裁缝，母亲则是个普通的家庭主妇，这也就注定了他们家只能住在贫民窟里，而且一贫如洗。因为家里没有钱买煤块取暖，所以库伯从小就拎着一个破破烂烂的筐去附近的铁路上捡火车上掉落的煤渣，这让他觉得无比自卑。为了避免被同学们看到他的窘态，他常常绕道而行，从不为人知的小路穿过。然而，同学们还是很快发现了库伯的所作所为，因而他们等在库伯的必经之路上，竭尽所能地羞辱他、嘲笑讽刺他。有的时候，他们还会欺负他，把他辛辛苦苦捡到的煤渣撒得到处都是，可想而知童年时期的库伯始终生活在自卑和恐惧的阴影中。

一个偶然的机会，库伯读了《罗伯特的奋斗》这本书。在这本书里，他看到了一位和他出身相似的少年，少年始终没有向低微贫贱的生活低头，而是不屈地奋斗，最终战胜了一切困难，成为了人生的强者。从此之后，库伯爱上了作者赫拉修的书，他总是想方设法地借来赫拉修的书，然后如饥似渴地读完。在几个月后的一天，库伯再次去捡煤渣，当看到三个鬼鬼祟祟的身影跟在他的身后，企图再次欺辱他时，他原本情不自禁地想要逃跑，最终却勇敢地抓起煤筐中的煤渣，就像一个真正的英雄一样勇敢无畏地朝着那三个身影走过去。这场硬仗之后，库伯彻底扬眉吐气，再也不害怕任何人的欺辱了。从此之后，他的人生字典中再也没有自卑二字。

库伯的成长经历决定了他的自卑胆怯和懦弱，然而，在受到书中人物的鼓舞之后，他的精神世界越来越充实。也因此，精神上的巨人让他成长为真正的巨人，使他在备尝生活的艰辛之后，变成了人生的强者。

无独有偶，大家都知道举世闻名的笑星卓别林，他在荧幕上给无数人带来了快乐。殊不知，卓别林刚刚开始从事演艺事业时，也很喜欢模仿他人，他总是模仿其他的笑星，但是最终毫无所成。广大观众希望从荧幕上看到与众不同的表演，而不只是看到盲目的模仿。意识到这一点之后，卓别林不再模仿那些成功的喜剧演员，而是发掘自己的特点，让观众们在荧幕上看到与众不同的自己。最终，他走出了自己的独特演艺道路，也才真正最大限度地发挥了自己的才能。

在这个世界上，每个人都是独一无二的个体，每个人都有自己与众不同的脾气秉性、性格爱好。我们唯有更爱自己，才能做到拥抱和珍惜生命。其实，对于任何人而言，坚持自我、高看自己一眼，都是难能可贵的品质。因此，我们每个人都要坚持自己，也要高看自己，不要盲目地模仿他人，更不要毫无原则和底线地改变自己，这样我们才能拥有与他人截然不同的独特人生，也才能赢得他人的认可和赞赏。做自己，这是我们最重要的人生目标。

激发心理力量，才有大胆前行的勇气

生活中，相信我们每个人都有自己的理想，这种理想决定着我们的努力和判断的方向。但要想将理想化为现实，我们还必须要有必胜的信念，相信自己能做到，然后潜意识才会接收我们的指令，而后将之实现。

因此，每一个渴望成功的人都应该明白一点，只有激发心理力量、敢于尝试、有积极的意识，才能产生奋斗的激情；才能去完善、去超越、去增添勇气、创造奇迹。不行动，一切都不会实现。

其实，无论是企业经营还是开展新的事业或开发新产品，很多人头脑思考的结果首先是没有信心：恐怕不行吧？恐怕做不好吧？但是，如果一味地顺从这个“常识性”判断，那么原本可以做的也变得不能做了。如果想真正做一件事情，那么首先要树立的是坚定的信心和强烈的愿望，两者缺一不可。

事实上，许多人在潜意识的激励下，勤奋工作，会逐步成长为独当一面的高端人才，毕竟人有70%的潜能是沉睡的。

因此，我们也不难得出一点，作为我们自身，如果想要获得期望，他人的激励是一个方面，而最重要的是我们要激发自己的心理力量，这样，你才能获得自信；你才能始终拥有向上的热情和奋斗的激情；你才能最终看到成功的曙光。

心理学家告诉我们，“支撑一个人追寻理想的动力往往是自信”。自信是成功的助燃剂，一个人自信多一分，成功就多一分。信心能使人们具备顽强的意志力，并可能会“起死回生”。

然而，要获得自信，就要改变潜意识让积极的潜意识为自己服务。可惜的是，很多人终其一生，却都忽略或者很少发挥潜意识的作用，就连爱因斯坦、爱迪生这样的天才人物，一生中也不过运用了他们全部心智的不到10%。因此，如果你希望自己能够得到重用；如果你希望自己成为一个成功的人；如果你不甘于平庸，就一定要从内心决定做第一。这样你才会有信心做到完美，你的个性也才会真正成熟起来。相反，不想做得更好，就会做得更差。如果你自甘沉沦、不追求卓越、懒得提高自己能力，那么，你是不会有所进步的。

当然，在人生路上，你不可避免地会遭遇困难和挫折，如果面对这些能够从容不迫、沉着冷静，那么在以后的人生道路上就没有什么可以阻止你的了。

生活中的人们，无论任何时候，都要相信自己，大胆地做你害怕的事，现在就去做吧！只要你记住以下两点。

1.鼓励自己，给自己打气

任何时候，都要自己给自己打气，确信自己的看法并在心中默念：我想我可以，我可以坚持下去。冲破一切艰难，不要让你的目标消失在你的信念里，一直打气，把眼前的事情一件一件地做好，那么，你就能一直以良好的状态到达目标。

2.以积极的心态迎接挑战与困难

一个人如果拥有积极的昂扬向上的精神状态，那么他即使身处逆境，也不会感到绝望，不会放弃，能够坦然面对困难，并积极寻找解决问题的办法。其实，人生中的许多事，只要想做，并坚信自己能成功，那么你就已经成功了一半。如果你毫无自信，优柔寡断，不敢超越环境和自我，那么你的生活就会一直黯淡无光。越是巴望奇迹来挽救自己的人，越是不会创造奇迹，生活中美好的事物历来只和敢于正视现实、迎接挑战、信心满怀的人结伴同行。

找到自己的优势，才能活出自我

有人说，人生是一场面对种种困难的“无休止挑战”，也是多事多难的“漫长战役”，这场战役必须由我们每个人自己去打，其他人是无法代替的。面对问题，若我们总是缺乏主动性和信心，那么，你的这场人生之战最终是会失败的。哲人说：“一个人，扮演的无非是两种角色，支配者和被支配者。人生不能总担任被人支配的角色，为此，我们就要学会支配。”这句话要告诉我们的是，任何一个人，如果不想被支配，就要用支配来反抗被支配，任何人只有破除对他人的依赖、顺从，发出自己的声音，看到自己的优势才会找到自我，活出自我。

小仲马是法国著名的小说家，他从小在父亲大仲马的耳濡目染下就开始喜欢文学创作，尤其是写小说，但在他开始创作的头几年，他的稿子总是被编辑退回来，他很苦恼。

看到儿子如此受打击，大仲马对他说："你可以直接告诉他们你是我的儿子，那么，也许情况会好很多呢？"

小仲马固执地说："我绝不，如果这样，那么，我就是踩在你的肩上摘苹果，用这种方法摘到的苹果又有什么味道呢？"他拒绝了父亲的建议，并且还给自己取了十几个不同的笔名，并且用这些笔名给很多编辑寄了自己的文章。

当然，小仲马后来还是接连不断地遇到退稿的情况，但他并没有沮丧，而是鼓励自己一定会成功。

后来，他寄出了自己的长篇小说《茶花女》，这次，他的文章震撼了一位老编辑，这位老编辑非常细心，他发现，这篇小说的寄出地址和自己多年的好友大仲马的地址是一样的，因此，他怀疑这是大仲马采取了另外一个笔名所写的作品。所以他带着这些疑问去拜访大仲马。

然而，令他没想到的是，这部小说的作者竟然是大仲马的儿子小仲马。"你为何不在你的稿子上署上你的真实姓名呢？"老编辑不解地问小仲马，小仲马说："我只想拥有自己真实的高度。"

从小仲马的故事中，我们每个人都要记住，一个人，只有自立，才能做真正的自己，才能成为一个强者。的确，自立是生存之本，我们每个人都必须独立面对人生路上的种种困难，我们应活出自己的精彩，才能实现自己远大的理想和美好的愿望。

自立是一个人在生活中开展一切活动的基础。所谓自立，指的不仅仅是一个人独立、自主地做一件事，更是一个人在处理某些事时的勇气。

关于自立，爱默生在其文章《自立》中阐述得很清楚：人活着就是要相信自己；不要太在意别人怎么想，不要被他人奴役……当然，在现实生活中，要使自己的言行举止真正与这几点相吻合，恐怕有些困难。但你必须努力去做，因为这些内容都是衡量个人尊卑的标准。一个自立的人才能做到自主，才能令人尊敬，而那些甘愿成为别人附庸的寄生虫则会让人鄙视。

一个人，活着就必须要活出自我，就要学会支配自己的大脑，就要有自己的主张，这样才能维持一个人的格调。

可见，我们一定要有自己的想法，要有自己的原则，当你自己认为自己的观点是正确的时候，就要发出自己的声音，而不必要为了讨好别人而迎合别人，也没必要因为害怕得罪人而对别人的要求来者不拒。

如果你是个无主见的人，那么，你就要做出一些改变。

1.敢于坚信自己

日常生活和学习中，你的意见难免与他人的不同，此时，如果你认为自己的观点是正确的，那么，你就要坚持。在面对社会的时候相信自己正确，那么，你才敢走自己的路，才能不怕失误、不怕失败。在大多数情况下，不敢自信走“小路”的人，通常也难成为创新型人才。

2.敢于打破各种定见和共识

如果你想成为一个有创造力的人，第一，不要迷信权威；第二，不要太依赖他人，学会独立思考；第三，摒除观念思维、经验主义等主观定式，不要给自己戴上思维枷锁。你不仅需要敢于挑战书本的权威，也需要敢于自我否定。

3.敢于否定他人

独立思考是否定他人、提出不同意见的前提，反过来，做到后者，你也会逐渐学会独立思考。

4.独立面对各种难题

正如一位名人所说：“所谓成长，就是去接受任何在生命中发生的状况。即使是不幸的、不好的，也要去面对它、解决它，使伤害减至最低。所谓的成长，所谓的智能，所谓的成熟，都不过如此。”这样的你才能独当一面，成为一个自立自强的人。

拿破仑说：“人多不足以依赖，要生存只有靠自己。”德田虎雄说：“人，谁都想依赖强者，但真正可以依赖的只有自己。”福泽谕吉说：“没有独立精神的人，一定想依赖别人；依赖别人的人一定怕人；怕人的人一定是阿谀谄媚的人。”

总之，我们都要明白，一个人要想取得事业上的成功，甚或一个小小目标的达成，必须首先要敢于发出自己的声音，要完全自立。因为自立是我们立身处世的基础，没有自立，我们将寸步难行。

相信自己，才能在人生的关键时刻绽放光芒

现实生活中，每个人都希望获得伟大的力量，因此他们遍求不得，却不知道最强大的力量原来就在自己的身上，那就是相信的力量。我们每个人都要肯定相信的力量，尤其是要相信自己，才能在人生的关键时刻绽放光芒。

相信自己的人，心中始终都有希望，也可以在任何时候都勇敢无畏地面对自己，从容不迫地面对人生。很多从事过销售行业的人都知道，在销售行业，人们总是会激励自己，也会全力以赴地奔向目标和前程。实际上，这样的人无所畏惧，因此哪怕面临很多的困难坎坷和挫折，也会全都战胜，从而让自己的人生更加从容不迫，获得成功。当然，要相信自己，我们就要做到诚实地面对自己。不得不说，有很多人对于自己是不够诚实的，他们总是会挖苦讽刺自己，也总是会无助地欺骗自己，甚至还会因为自卑而无限度地否定自己。任何时候，我们都要全力以赴做最好的自己，这样才能从容不迫地活出自己的精彩，也才能真正桀骜不驯地面对人生。

诚实地面对自己，就要做到以下几点。首先，要相信自己已经正视自身的缺点和不足，也已经意识到自己的优势和长处，这样才能让自己在成长的道路上不断地努力进取。记住，金无足赤，人无完人，每个人都有优势和长处，也有缺点和不足，任何时候，我们唯有客观公正地认知自己，也唯有真诚坦率地面对自己，才能够真正成为人生的主宰。

如今，热衷于网购的年轻人对于马云的大名几乎无人不知，无人不晓。实际上，马云之所以能够有今天这样的成就，与他当年坚持梦想，相信自己，是分不开的。此外，马云之所以能够得到同伴们的鼎力相助，也与他坚持做自己，真诚对待同伴，有着密不可分的关系。任何时候，我们都不要奢望人生会有从天而降的成功，只有坚定不移地去做自己想做的事情，才能在成功的道路上更加顺遂如意，才能得到一切。如果当初马云不能坚持做自己，那么他今天也许就会成为一个平庸者，根本不可能取得如此伟大的成就，也不可能获得自己梦寐以求的成功。

纵观古今中外那些伟大人物能够有所成就并非因为他们有着过人的天赋，也不是因为他们得到了命运的青睐和眷顾，而是因为他们忠诚于自己的内心，所以总是能够做好自己，也总是能够全力以赴坚持自己的梦想，不忘自己的初心。因此，他们才会极富魅力，也能够得到众多拥护者的爱戴和全力支持。

遗憾的是，现实生活中，很多人都过于从谏如流，他们对于身边人的想法和看法都过于重视，因此无形中就放弃了自己的想法。

在人生的道路上，每个人都要学着长大，这样才能在成长的道路上不断地努力进取，也才能不断地成长，最终收获成功。否则如果总是不能诚实地面对自己，也不能坚守自己的内心，则未来一定会因为内心失去希望，而对于人生也有更多的遗憾。任何时候，我们都要勇敢面对自己的内心，也要坚定不移做好该做的事情，才能在人生的道路上不忘初心，砥砺前行。记住，走自己选定的道路，哪怕内心有再多的遗憾，也不要后悔，因为这是我们的人生之路，必然铸就我们人生的丰实与厚重。

客观公正地评价自己，才能更加从容地面对未来

现实生活中，如何以恰到好处的态度面对自己，这很重要。很多人不是妄自菲薄，觉得自己这里也不行那里也不行，不管做什么事情都不敢勇敢地放手去做，就是妄自尊大，常常对自己有过高的预期，直到被残酷的现实打脸的时候，又备受打击，这当然不会是人生理想的状态。做人，既不要随意地夸大自己，把自己想象得比现实更大，也不要随意地缩小自己，把自己想象得比现实更小。只有把自己想象得恰到好处，做到客观公正地评价自己，我们才能更加从容地面对未来，也才能

用客观的态度评价自己，以恰到好处的方式激发自己所有的潜能和力量。

现实生活中，各种外界的因素常常影响和困扰我们，因而把自己摆在一个重要的位置很难。每个人都身兼很多角色，如既是父亲也是儿子，既是女儿也是妈妈，既是媳妇也是婆婆，既是上级也是下级，既是弱者也是强者……当我们处于人生中的不同境遇中，面对身边不同的人，我们的角色也在改变，我们人生的定位随之而变。所以作为人生中勇敢无畏前行的人，我们一定不要总是对人生有太多的憧憬和渴望，而是要先客观理性地认知自己，公正地评价自己，这样才能对于自己有更加准确的预估和评价，也才能在人生的道路上不断地努力上进，勇敢无畏地前行。

人们常说，初生牛犊不怕虎，也会说无知者无畏，实际上，当一个人并没有意识到危险的存在时，他所表现出来的勇敢就不是真的勇敢。真正的人生强者和勇敢者，总是能够最大限度提升生命的能量，他们迎难而上，明知山有虎偏向虎山行，挑战和突破自我。总而言之，人生的道路漫长，每个人在生命的历程中都会遇到各种各样的坎坷与磨难，有的时候还要面对看似无法战胜的困境和绝境。只有不断地努力前行，勇敢无畏地行走好人生之路，我们才能不忘初心，砥砺前行，也才能够在成长的过程中有的放矢地提升和完善自己，争取在未来有更加优秀和杰出的表现。

人，什么时候会放大自己呢？有的时候，我们的对手太弱小，强烈的优越感会让我们不知不觉间放大自己；有的时候，我们面临艰巨的任务，或者被他人鼓舞或者自己给自己鼓劲，也会在无形中放大自己；还有很多人非常骄傲，以不知天高地厚为常态，更是会把放大自己当成理所当然……那么，人什么时候会缩小自己呢？当面对的对手太过强大，自卑和胆怯会让我们缩小自己；当对于很多小事情都能够手到擒来，而在面对重要的事情却感到艰难的时候，我们也会觉得自己太过弱小；当以妄自菲薄为习惯，总是缺乏自信，不能勇敢地主宰和驾驭人生时，我们都会缩小自己……看到这里，细心的朋友们会发现，放大还是缩小自己，实际上并不完全取决于外界，而更多地取决于我们的内心。这就又回到无数次提起的话题，心若改变，世界也随之改变。我们也必须全力以赴地面对人生，激发自己的信心和勇气，真正成为人生的强者，在面对人生中不同境遇的时候，始终都坚强勇敢，绝不轻易放弃。所以我们要学会勇敢地面对人生，也要坚定不移勇往直前。任何时候，人生都没有重新来过的机会，不管是自卑还是自信，抑或者是自负，我们都要接纳人生中一切事情的发生，也要真正为自己的人生负责任。

当然，尽管我们平凡且渺小，却要对于自己的人生怀有渴望与憧憬。对于自己的人生发展，我们也要怀着坚定的信心，努力把事情做得更好，也要全力以赴完成人生的梦想与渴望，这样的人生才是最重要的，这样的未来，也才是真正值得我们所期待和成就的。记住，当你脚下踩着坚实的土地，你就要勇敢地向前，努力地拼搏，你的人生将会因此而变得与众不同，你的未来也会变得更加值得期待和憧憬。

第七章

战胜自己，勇敢站起来才能度过人生的"迷茫期"

人生多逆境，内心坚强才能战胜

当人生已经惨败到一无所有的时候，还有什么是我们害怕失去的呢？我们又为何不选择背水一战呢？

霍金，这位近代最伟大的科学家之一，在年仅21岁的时候就不幸患上了会使肌肉萎缩的卢伽雷氏症，全身动弹不得，只剩两根能够活动的手指，连最基本的生活自理能力都已经丧失。患病之后的霍金余生只能在轮椅上度过，用仅剩的两根能活动的手指使用语音合成器与人们对话，别无选择。然而面对如此逆境，霍金并没有就此被打倒，反而在轮椅上写出了伟大著作《时间简史》。我想，不论是谁，遇到这种程度的逆境，都会是毁灭性的打击。或许霍金也曾悲伤至极，但他终归选择了做回生命的强者。而霍金之所以能够从逆境中奋起，不光是因为他有着与死神搏斗的勇气，还有转变思维，重新换个角度思考的乐观心态。虽然身体不能活动，却节省了大把的时间用于钻研自己喜爱的天文科学。人生百态，不论生前是怎样的地位阶层，最终的结果终归是殊途同归。只是这过程中，他换了一种与大多数人并不相同的生活方式而已。

逆境总是听着可怕，其实却很普通。因为人生实苦，众生皆难。从来没有完美的人生，也就不可能存在着没有任何逆境的完美世界。面对人生不如意之事十之八九这一客观事实，我们实在不必如此悲伤。逆境虽然不可避免，但是随着我们年龄的增长和经验的丰富，你会发现能被称为逆境的情况会越来越少，许多逆境不过是源于经验的缺失和未经历世事的自我禁锢而已。人生中的顺境固然令人高兴，使人愉悦，而逆境却可以更好地使人成长。因为只有经历过逆风锻炼的雄鹰，才可以飞得更高。球王贝利在喜得贵子的时候，有记者祝贺道：“你看你的儿子长得这么壮实，以后必定会子承父业，成为像你一样的球王！”然而贝利却说：“狮子要是不饿的话，是不会出去捕猎的。我儿子不太可能会成为一名优秀的球星，因为他现在就很富有，不需要为了生存而努力， 而我能成为球王是因为我小时候家境很贫穷，我必须要努力踢球才能吃饱，这就是差别。”没错，不论是现实还是历史中的人物，但凡家境贫穷者，为了追逐梦想，努力奋斗，最终都能取得成功。而他们的后代，因为有父辈留下的先天巨资，生活在温室中，就会难再有能像父辈一般功成名就，名垂千古之人。因此，毫不夸张地说，逆境，是强者的学校，是强者的摇篮。

或许你会说，顺境就不能造就人才了？诚然，顺境与逆境都可以造就人才，但就事实相较而言，处在逆境中，我们更容易体会到人生的千姿百态，更能磨炼人的意志，让你明白许多更好的生活方式，最终成为强者。我们无法预知逆境中的很多磨难，只有让自己学会更加坚强。面对磨难，承受能力弱的人，往往会因为压力过重而中途放弃，最终败在成才的路上。而经受住这些磨难的强者却因此变得更强，走得更远。因此，面对逆境，要学会转变自我的心态，很多时候，之所以过不去人生中的那道坎，实际都是过不去自己心中的那个魔。就像平静的湖面，练不出骁勇的水手，也正如舒适的环境，造不出时代的伟人。人生正如列别捷夫贺拉斯曾经说过的那样："苦难显才华，好运隐天资。"很多时候，我们要转变心态，坚信人生多逆境，但逆境总是能被战胜的。最终，人生路上小阶段内的磨难，咬紧牙关坚持一下，过去的也就真的过去了。

很多时候，人生中逆境的出现无关别人，只在自我。"二战"结束后，英国王室空军曾经进行了一项军事上的统计，为了更好地研究部队战斗机存在的不足与缺陷，他们决定通过统计在战争中失事的战斗机和牺牲的飞行员以及飞机失事的原因及地点来做出相关分析。最终的结果却令所有人大吃一惊，飞机失事的最多原因既不是敌人猛烈的炮火，也不是大自然的狂风暴雨，而是飞行员自我的操作失误。最令人痛心的一个调查结果显示：事故发生最频繁的时段，既不是激烈的交火中，也不是紧急撤退之时，而是凯旋的返程途中还有几分钟便着陆的时候。这样的结果既令人心痛，却也令人警示：逆境纵使困难，却使人警醒，而顺境使人放松固然是好事，然而，放错了位置的放松却让你的人生更加危险。人生最危险的时刻往往并不是保持警惕的时刻，而是自认为最放松的时刻，而这也从另一个角度上说明了心态对于顺逆境的作用。

真的勇士，敢于直面惨淡的人生

许多年前，对于鲁迅所说的“真的猛士，敢于直面惨淡的人生，敢于正视淋漓的鲜血”这句话，我是不能理解的。直到有所经历以后，我才明白，真正的猛士应当是热爱生命并会为了更好地生活下去而更加勇敢的勇士。

生而为人，最大的困难、最悲惨的境地绝对不是濒临死亡，而是家徒四壁，连生存下去、好好生活都已变成了一种奢望。在这种情况下，仍然保持一颗忍耐坚持的心，不去与他人比较，不去怨天尤人，而是继续努力生活，这才是生命的勇者。

通常只有真正经历过“绝望”的人，才能真正体会生活的真相。造成绝望境地的情况有很多种，而“贫穷”可以说是最普遍的一个。社交软件平台上有一则传播火爆、有接近100多万点赞量和3万多评论的短视频，视频内的内容很简单却令人心酸：市区内有一家珠宝店开业，为了拉拢人气，烘托欢快气氛，店主找来了一位临时工，让他穿上厚重的玩偶服在店门口招揽客户。玩偶的形像是一只呆萌的恐龙，开业当天，人流量不错，在这只呆萌恐龙的吸引下，珠宝店门口更是聚集了一大波的人群。很多人都选择停留，驻足观赏这只呆萌的恐龙，店主为了让人气不要散去，命令这只“恐龙”不要停止摇晃，继续摆动。“恐龙”一刻不敢懈怠，即便自己头晕目眩，汗流浃背，踉踉跄跄险些摔倒。人们都为这只坚持摇摆的“恐龙”喝彩，人群中不断传来叫好的声音。而当这只“恐龙”脱下厚重的玩偶服的那一刻，所有人都惊呆了，“恐龙”的扮演者竟是一名头发已经花白的老大爷，他光着脚，萌萌的衣服和苍老的脸极为不搭，甚至显得有点滑稽可笑，但是那一刻，没有人能够笑得出来，反而觉得愧疚万分。而正当人们愧疚之余，老人却开心地笑了，只是因为他发工资了。耗尽了全身力气，顶着烈日和闷热换来的几十块钱，让老人心满意足地扬起了嘴角。没有人知道老人的家境如何，儿孙怎样，却可猜想老人的家境一定并不富裕。试想，若不是因为贫穷，谁愿意在这样的年纪，不去含饴弄孙、共享天伦，而是辛苦奔波。

贫穷从来不会因为你的年龄和身世而对你格外开恩，眷顾无比，它只会钳制着每一个人，让你明白活着并不容易。就像冈察洛夫曾经说过的：“生活中并非全是玫瑰花，还有刺人的荆棘。”而对于穷人来说，命运，便是那刺人的荆棘。但是，贫穷或许可以摧残生活，却永远无法磨灭活着的希望。

电影《阿甘正传》里面，有这样一段话：“生活就像是一盒巧克力，你永远不知道下一颗会是什么味道。”没错，生活对于我们每个人而言都充满了苦涩与无奈，但是，亲爱的宝贝，相信我，这世上如果只剩下一种真正的英雄主义，那便是认清生活的真相之后，还是选择热爱生活。而这世上也只有一种真正的坚强，那就是即便被贫困已经逼到了生死边缘，却还是选择顽强地活着。因为，坚强地活着，其实比任何选择都要勇敢，不是吗？

真正看透生活的人总是能够明白：贫穷这块巧克力，即便再苦涩，也要硬着头皮吃下去，含着泪吞下去，裹着血喝下去。因而，即便经历了诸多磨难，遭遇了人间悲剧，却依然选择坚强生活的人，其实是最勇敢的。知乎上曾经有过很多关于“贫穷”“绝望”的讨论，有很多网友都给出了类似的结论：贫穷可以轻而易举地将人逼迫到失去理智。我们都说“穷凶极恶”，其实很多时候，只是贫穷太过咄咄逼人。人之初，性本善，这世上从没有无缘无故的恶，只有被生活击垮的善。贫穷就像是一记热辣的耳光，打在脸上时，痛入骨髓。并在打完你之后，还让你永生难忘。

很多时候，我们都会自嘲：“何以解忧，唯有暴富。”这话在一定程度上其实是没有错的。面对生活，我们各自有着不同的欢喜与悲伤，但是面对贫穷，我们品尝到的苦楚却是同一种味道。每每看到新闻上类似有关贫穷与绝望的报道时，故事中的主人公虽然是我们，但我们每个人却都可以从中找到自己的影子。我们都曾因为贫穷而做过一些自己并不喜欢的工作；我们也都曾因为贫穷而去苟活在别人的脸色之下；我们还都曾因为贫穷而无奈愧对自己的孩子与父母。贫穷，甚至一度让我们忘记了理想，失去了梦想和远方。

但是，让人潸然泪下的是，曾经被贫穷和绝望逼迫过的我们，却从未真正选择放弃过对生命的热爱，我们总是一边吃着生活的苦，一边又深深地热爱着生活。因为我们打相信：风或许可以吹倒一面墙，却吹不走一只有生命的蝴蝶。贫穷与绝境或许可以摧残我们的生活，却永远无法磨灭我们活着的希望。生活对于任何人而言，其实并没有值得探究的地方，而用力地活着，即便很辛苦却也会用心地活着，这便是生活的真相。所以，即便这个世界真的很薄情，也请深情地活着，做自己生命中的勇者。我们可以困于贫穷，却不能失去对生命的希望。

无论如何，都不要否定自我

很多人都不明白这样一个道理：其实你认为自己是什么样的人，就会有怎样的表现，这两者其实是一致的。我们每个人都可以通过自我肯定来塑造出一个真正的自我。因此，不管遇到什么困难，你都可以告诉自己："我是最棒的！我是最好的！"这样的话语并不会对客观事实有什么实质性的改进，但是当你脑海中重复想象自己最有自信的时候，你会发现，自己真的变得很有自信，同时，你的行为也会更加有效，因为行为总会配合着你的思想去行动。因此，面对任何困难，最重要的一件事情就是相信自己。

有这样一个说法：你是不是天才不要紧，关键是你要相信自己是天才；你是不是成功人士没有关系，关键是你要相信自己终有一天会有所作为。我们或许出身并不富贵，我们或许家境并不厚实，或许学识并不渊博，或许相貌也并不出众，但是，面对我们所有人都有可能遭遇的困难，相比较于那些先天条件优势拥有者，我们更不能失去的一样东西，就是自信，就是对自我的肯定。

其实，我们每个人都是这浩瀚宇宙中独一无二的个体，我们能够来到这世界或许是取决于大自然的恩惠，大自然却在创造我们的时候给予了我们每个人独有的特质。所以，你会发现，生活中没有人的基因与你是相同的，也没有人的性格跟你是丝毫不差的。我们每个人都在以自己独特的方式来与他人互动，进而影响别人。不管我们以什么样的身份、什么样的条件生活在这世界上，我们存在于这个世界上的作用经是任何其他人都无法取代的。因而，我们必须相信自己，肯定自己。而肯定自己的最简单方式就是在生活中的一言一行里充满自信，即便面对暂时无法超越的苦难，我们仍然要对自己充满自信，要对人生充满希望。

肯定自我等于自我肯定，等于自信地做自己。自信其实是一种无形的力量，它支撑着我们的生命，能够帮助我们战胜自我，创造奇迹。它不仅滋润着我们生活的方方面面，也照拂着我们的事业和爱情。曾经风靡一时的经典电影《泰坦尼克号》中就为我们叙述了自信对于一个人的重要作用。

男主杰克是个一无所有的穷小子，最终却凭借自信的人生赢得了女主露丝的喜爱。女主露丝出身富贵，处在上流社会，可以说是什么样的人才都见识过。但是最终，却与杰克坠入爱河，谱写出了一段感人肺腑的爱情佳话。仔细品味，你会发现，男主杰克最终能够吸引女主的最大筹码就是他对自我的肯定和自信。

面对与露丝在财富与地位上的巨大落差，杰克从不自卑。在电影中的那场晚宴上，露丝的母亲看不起杰克，因而对他百般刁难，故意讥讽，问道："三等舱的感觉怎么样？"众人本以为这会让杰克很难堪，结果杰克却轻松而自豪地回答道："简直太棒了，里面一只老鼠都没有！"露丝的母亲眼看没有为难倒杰克，又问道："你觉得像你这样到处流浪，没有根基的生活有趣吗？"面对露丝母亲的再次刁难，杰克再次肯定地回答道："我觉得自己的生活太棒了！我虽然一无所有，却能够随心所欲地呼吸自由的空气，享受明媚的阳光，欣赏迷人的风景，聆听大自然的音乐。就在前两天，我还睡在桥洞里面，而现在，今天，我居然就在豪华的泰坦尼克号上和世界上最富有的在座各位共进晚餐，这不是很奇妙吗？生活就是这么奇妙，生命是上帝赋予的宝贵礼物，我可一点都不想浪费。"杰克对生命的无限自信和对自我的充分肯定赢得了露丝的芳心，尽管他们最终遗憾地随着泰坦尼克的沉没而终结了，但是他们的爱情却永远流传下来，变成了这茫茫大海中的经典，而这大海，也因为有他们的存在，变得更加神秘莫测。

尽管我们都知道自信并不能在客观事实上对你所遇到的困难有着实质性的改变，但是你要相信，精神、信念的力量其实是巨大的，它能让你无所畏惧，能让你面对任何困难时都能够勇往直前，并且坚信困难最终一定能够被克服。就像成功学大师拿破仑·希尔曾经引用的一首诗里面说过的：如果你认为自己已经被打败，那你已经被打败了；如果你认为自己并没有被打败，那么，你就并未被打败。如果你想要获胜，但又认为自己办不到，那么，你必然不会获胜。如果你认为你即将失败，那么，其实你已经失败了。

身处逆境，要善于发现一切有利于成长的因素

古语说：“吃得苦中苦，方为人上人。”这话其实并不是没有道理的。仔细观察现代社会商场中的成功人士，你会发现，他们用亲身经历向我们证明了这样一个真理：一个人吃得苦越多，越容易成为人上人。道理其实很简单：正是因为经历过足够多的磨难，面对过人生中足够多的逆境，才练就了他们坚强不催、屹立不倒的品格。因而，毫不夸张地说，逆境是帮

助我们前进的一把利器，只是看你去如何运用，看你以什么样的心态去运用。实际上，逆境在我们的人生中并不是一无是处。他能够让你学会谨言慎行，学会去观察周围的人和事，努力去发现身边一切对自己有利的成长因素，不断地进步与成长。生活中总是会有很多这样的经历：一个人身处逆境的时候，通常会很容易地就被激发出强大的环境适应能力。就犹如打铁一样，只有在烈火中将骨骼变得柔软，逆境这把铁锤在敲打的时候才能够将我们身上多余的铁屑去除掉。最终，当逆境散去的时候，你会发现，最终的你早已不是曾经那个弱不禁风的你，而是一个勇于直面生活这个刀锋的你。而这样的你，早已变成了鲁迅先生笔下那个“真正的勇士”。

夸赞逆境的好处并不是要求你喜欢面对困难和不幸，只是想要告诉你这样一个客观事实：聪明的人总是会把逆境当成是成长的机会；有自信的人总是会以积极乐观、开放的态度去主动欢迎这种奋斗，因为他们知道这是发展性格最好的方法，他们清楚地知道并了解这些困难有助于建立自我的勇气和发展恢宏的气度。试想一下，如果我们的人生之中没有经历过这些练习，生活不就犹如置身看似温柔，实则充满荆棘的“玫瑰园”吗？这样的我们一旦失去了爱人的保护，又当如何独自面对生活中的风雨呢？这样的我们，到最后只会成为一个永远都长不大的孩子吧。

没有人真的喜欢去面对生活中的逆境，谁都希望自己的人生能够一帆风顺。但是，人生悲苦却是我们每个人都必须要经历的无可奈何。面对困苦与逆境这一客观事实的存在，我们改变不了，却能够选择让自己如何面对。事实上，你的思想决定了你的心态是积极的还是消极的。面对逆境，我们应该选用积极的心态去指挥我们的思想，控制我们的情绪，从而掌握属于我们自己的命运。

遇到困难与逆境的时候，实际上就是对我们能否成功进行考验的时候。这时，充分的自信心是我们能够战胜考验的关键。上文中我们已经讲述了自信的精神作用对于我们的心态以及所从事的事业所产生的积极作用。实际上，自信的力量却是我们无法用语言来表达清楚的，无论你相信与否，自信都值得我们随身携带，直到生命的尽头。对自我充满肯定，其实是我们与生俱来的本能，只是在后来的成长环境中，受多方因素的影响，我们或许有所改变。比如，当我们还是一个婴儿的时候，或当我们跨出人生第一步的时候，我们其实就相信自己一定是会走路的；当我们牙牙学语，发出第一个音节的时候，我们其实就相信自己一定是会说话的。人生中的很多事情都是这样，首先是因为我们足够相信，所以我们才会去努力完成它。反之，如果我们根本就不相信，那我们也就根本不会去行动。因此，请你相信：人生中的逆境从来都不可怕，可怕的是我们或许缺乏一颗勇敢征服困难的心。面对逆境，一味地逃避和害怕，只会让自己深陷困境这个泥潭，越是挣扎，却越是难以自拔。我们不如放开自己的心胸，坦然地去接受人生中苦难存在的客观事实。只有当我们能够正视苦难的存在的时候，我们才能够尽快让自己冷静下来，才有时间好好地思考未来的对策，不是吗？

失败是成功之母。如果你一时没有战胜逆境，而是被打败。那么，请不要气馁。如果你认为事情还没有到最糟糕的程度，你的人生还没有落到最低谷，那就说明一切都还有转还的余地，事情还没有到最坏的程度。逆境中的一两次失败，只是为了让你能够得到更好的成长，成为更好的自己。因此，不要惧怕人生中的困苦与正在经历或者即将经历的逆境，放开心胸，用宽容的态度接受属于我们生命中的磨难，保持乐观、积极向上的良好心态，最终，让逆境成为考验我们的利器，而不是阻碍。

选择不认命，就好好努力去拼命

著名作家张爱玲在自己的著作《非走不可的弯路》里有这么一段叙述："我很感激我的母亲，她让我发现，自己不再年轻，已经开始扮演'过来人'的角色，同时患有过来人常患的'拦路癖'。在人生的路上有一条路，每个人都非走不可，那就是年轻时的弯路，不碰壁，不摔跟头，不碰个头破血流，怎能炼出钢筋铁骨，又怎能长大呢？”张爱玲的感悟其实并不是个例，是我们每个人都会经历的过程与阶段，只是环境有所不同，经历或早或晚而已。

就像著名词人辛弃疾曾经在《丑奴儿·书博山道中壁》中说过的：“少年不识愁滋味，爱上层楼。爱上层楼，为赋新词强说愁。而今识尽愁滋味，欲说还休。欲说还休，却道天凉好个秋。”曾经小小年纪的我们，总是渴望在走出校园的时候就能一步登天，找到心仪的工作，遇到知心的爱人，过上富足的生活。就是因为太心急，所以在一两次的失败之后就开始抱怨生活的不易，仿佛全世界只有自己生活得如此辛苦；因为太天真，没有经历过真正的磨难，所以在付出自我认为的所谓努力却没有获得相应回报之后，总觉得自己的生活诸事不顺，年纪轻轻就在哀叹自己生活的不容易，仿佛早已看破了人生。殊不知，真正获得成功的人，又有谁是轻轻松松成功的呢？那些看似不动声色就获得的成功，背后又饱含了多少辛酸与汗水呢？你所看到的是他们的不动声色，但实际上，他们只是选择了沉默，主动选择将这些辛酸和苦楚都化成了督促自我不断前进的动力而已。

有这样一句话，希望能跟大家共勉：“既然选择不认命，那就好好努力去拼命。”诚然，生命对于任何人而言都是一场未知的旅程，可以说，在到达生命的尽头之前，没有人会知道你活着的下一刻到底会发生什么。而面对未知，我们唯一能够做的就是珍惜当下的每一天，让自己的每一个“今天”都过得比昨天更精彩。在这过程中，每天都是一个新的开始，这每一个重新启程的时刻，其实都无比的闪耀和珍贵。因为，假如没有这一过程，就没有我们的成长，没有我们的收获。

或许，我们都有过这样的经历：曾经，明明好像在同一起跑线上的小伙伴们，眨眼间就各奔东西并生活得丰富多彩，每个人都有自己想要追求的生活和方向，唯独自己，迷茫而不知所措。于是，你开始怀疑自己，怀疑你所有的努力和坚持，既不甘心于自己的浑浑噩噩，又思虑太多，胆怯于迈出自己突破性的那一步。其实，我们在最初的时候，都曾一样地朝着某个方向在努力拼搏，而每一个你看到的过程中的“结果呈现”，不过是我们每个人寻找到的另一种存在。你看到的别人的合适与幸福可能是别人已经找到的梦想或人生的存在，而你自己的，或许暂未出现，但其实，只是因为还在过程中。终有一日，随着时光的流逝，你会明白，曾经你所珍视的事物，竭力追求的物质可能都会渐渐离你而去，唯独这过程中的收获会永远留在你的心中。而这收获，就是你优先于别人看到的更多的风景。其实人生就是这样，总是在兜兜转转中学会更多的东西，拥有更多的收获，到达更高的起点。而前提是，我们从未放弃，从未停止努力的脚步。

其实，学习本身的意义，就远远大于结果。我们的人生永远都是学习的一个过程，在这过程当中，即便是上帝，可能也无法将所有的结果都掌握在手中。这过程中遇到的困难或挫折，所谓的“弯路”，其实并不是你所认为的无效劳动，而是一种你看不到的经历与收获。正所谓“不经一番寒彻骨，怎得梅香扑鼻来”，不论身处在人生的哪一阶段，初次为人，对我们所有人来说都是一次陌生的、全新的体验。每一条路，每一个尝试，都需要我们自己去经历、去摸索，并且，没有人知道这条路是否正确，会对你的人生有着怎样的影响。这是考验与磨难，同时也是机遇和收获。

生活中的我们，总是喜欢用“过来人”的身份满怀好意地规劝自己真心疼爱的人，不要走弯路，希望他们能够以最快、最舒服的方式到达理想的那头。诚然，作为过来人，我们有过相似的经历，可能有着相应的经验，会有自己认定的“更好走的路”，但是，时代在变，环境在变，他也不是你，且不说你的经验是否能够完全套用他的情况。再者，如果没有碰壁与摔跤，没有自我独立的学步，又怎能学会真正地长大？即便能够被保护一时，又有谁能够保证可以无虞到生命的尽头？人生中你多走的那几步弯路，都能够帮助你看到更多的风景。收起沉重的行囊，轻装上阵，将不愉快的昨天抛在脑后，然后拼命努力。未来的你，一定会感谢现在努力的你自己！

找到正确的目标和方向，就能走出人生的“迷茫期”

有研究认为，人类的智慧可以分成七项，其中一项是“内省智能”，是指有自知之明。“内省”就是向内在世界学习，也就是说，懂得欣赏自己，从学习爱自己中培养自尊，从欣赏别人中学习尊重，从社会历练中认识自己的价值，也是一种美好的品格，这就叫“进退有度”。

在生活中，有很多人并不是不想获得成功，但是他们对成功的认识却十分模糊，不知道该怎样去选择和追求，在行动上也显得十分轻率和盲目，最终搞得自己不仅没有做成大事，还感到非常疲惫和痛苦。只有那些了解自己、有明确奋斗方向的人才能笑傲人生，取得非凡的成就。

小罗今年刚刚满30岁，人言三十而立，她却感觉自己现在的生活糟糕透了。刚开始结婚那几年，她是幸福的。丈夫事业有成，孩子聪明可爱，小罗没有出去工作，就在家相夫教子，她觉得能守着丈夫和孩子过一辈子，自己也会很开心。可是好景不长，没多久丈夫就好像变了一个人似的，他每天不是借口单位加班，就是说下班后有应酬，回家的时间越来越晚。就是他在家时，也只是偶尔逗逗孩子，和妻子也没几句话。

一天，小罗的一个好友到家里来玩，小罗对她诉说心里的烦恼，埋怨自己嫁错了人。好友提醒她说：“你总说老公忙工作不理人，其实现在这个时代，谁不是每天忙得脚打后脑勺。

我看你是闲得太久，和社会脱节了。如果你自己有想法、有能力，为什么不干脆自己创业或者找份工作做呢？”这番话点醒了小罗，她仔细想一想，觉得好友的话十分在理，于是她开始留意身边的各种机会。

不久，她发现小区附近有家婴幼儿用品店转让，她就动了心思。现在孩子上幼儿园了，自己也应该做点自己的事。一开始丈夫并不同意，他认为小罗缺乏经营经验，而且开店事情太繁杂，怕她应付不了。但小罗坚持接了下来，她对婴幼儿用品很了解，再加上她性格又随和亲切，很快便和那些妈妈顾客交上了朋友。虽然经营经验差了些，但慢慢摸索着做下来，也算是把小店打理得井井有条。

尤其让她感到高兴的是，因为她打开了人生的新局面，也让丈夫对她刮目相看。对于开店如何与相关职能部门打交道的事儿，丈夫还根据自己的社会经验，给了小罗许多有用的意见。如今的他们，在生活中能够互相交流自己的想法和意见，感情也比从前更融洽了。

在生活中，一些人陷入痛苦和迷茫的原因，很大程度上不在于自己努力与否，而在于是否确定了正确的目标和方向。如果能够树立正确清晰的目标，那么就能够知道自己应该往哪个方向努力，就有了应对的方法，心中对自己的未来也会愈加明朗。相反，如果连目标都没有确定，东一斧子，西一榔头，自己肯定就会如坠云雾里，辨不清方向，空有一身力气，却都像打在棉花上，起不到丝毫的效果。更有甚者，越是努力，却往往越是背道而驰，和自己的目标越行越远。这种状况下，我们需要的是理顺思路寻求突破。

对于如何经营自己的优势人生，一位经济学家曾经引用三个经济原则做了贴切的比喻。第一个原则是利益原则，正如一个国家选择经济发展策略一样，每个人都应该选择自己最擅长的工作，做自己专长的事，才会胜任。第二个原则是“机会成本”原则。一旦自己做了选择之后，就得放弃其他的选择，两者之间的取舍就反映出这一工作的机会成本，于是你必须全力以赴，增加对工作的认真度。第三个是“效率原则”。工作的成果不在于你工作时间的多少，而是在于成效的多少，附加值有多高，如此，自己的努力才不会白费，才能得到适当的报酬和鼓舞。

在这三个原则下，我们应该努力根据自己的特长来设计自己，量力而行。根据自己的条件、才能、素质、兴趣等，确定进攻方向。你可以给自己做一个详细的描绘，并把你的这些优点逐条写在纸上。给自己做一份自我推荐信，然后，与自己面对面地谈话，排除其他杂念，一心一意想着你就是推荐信里写的那个人，你的身上有许多别人不具备的优点。以此作为个人深层次挖掘的动力之源和魅力闪光点，形成职业设计的有力支撑。

我们前进的道路上出现问题并不可怕，尽管它会给你带来失望、烦恼，甚至是痛苦，但是，它却像一块磨刀石，会磨砺你的意志、增强你的能力，最终使你成为一个能够坦然面对困难，并成就大业的勇者。

找到自己的最佳位置，找准属于自己的人生跑道

如果一个人走在路上，突遇狂风暴雨，提前又没做任何准备，电闪雷鸣，真的是太可怕了。然而这些都是生命的常态，人生最可怕的是醒来后，不是无路可走，而是根本就不知道自己要走一条什么样的路，不清楚自己想要什么样的生活，不明白自己的追求究竟是什么，一个处于混沌状态、茫然无措的人才是最可怕的。

小汪参加工作已经有5年了，按理说在事业上应该已经进入稳定期，但他却总是找不到状态。刚毕业那两年，在班级群里大家还聊得挺热火，谁升职了、谁成功创业了、谁加薪了，都会收到同学们半调侃半认真的美好祝愿。小汪在公司却不那么如意，当初的锐气早已在琐碎的事情中被消磨殆尽，他和领导、同事的关系也不好，虽然没有什么大的冲突，但总感觉自己在单位可有可无，根本不被人重视。

这一段时间，他被郁闷和迷茫纠缠着，不知道自己究竟要做什么。家里有个亲戚做微商卖保健品做得挺红火，又极力劝说小汪跟着做，打包票说3年之内让他实现财务自由，再也不必

做那份不死不活的工作。小汪动心了，这几年他也没存下什么钱，就向父母借钱进了些货。不料等自己做起来才知道，这一行并没有那么简单。先前身边的人碍于面子会多少买点他推销的东西，人情牌打完就束手无策了，那些货都压在了手里。

本来就找不到方向的小汪更迷茫了，他下意识里也清楚自己应该干点什么，做兼职赚钱、考热门的证书、重新拣起考公务员的资料复习考试，这些对小汪都很有吸引力，但却每一样都浅尝辄止，不了了之。再加上在单位依然不如意，回到家里父母又总是唠唠叨叨逼婚，小汪觉得自己头都大了。

追求自己想要的生活，这是每个人的权利，也是义务，只有自己才能真正地对自己的人生负责。一个人究竟要过怎样的生活，想拥有什么样的人生，只有自己最清楚，没有任何人能够告诉你，别人的人生也不是随便就可以复制来的。但是，很多时候，我们知道自己不想要的是什么，但就是不知道自己想要的是什么。这是一件多么可怕的事情啊！就好像你在黑夜中拿着火把照亮，却不知道该往哪里前行，等到火光熄了或者已经燃到就差烧掉自己手指头的时候，还不清楚自己的脚步该迈往何方，这对于人生、对于生命是多么大的浪费和打击。

从现在起，扪心自问：我想要的是什么？这并不是说让你马上立大志、成大业，而是把一切落到实处，从不再虚度时光开始。一位成功的商人说：“多年来，我一直在一本记事本上记下当天所有的约会，每个周末的晚上，我会抽出一部分时间来自我反省，重新回顾和检讨我这一周以来的工作。我打开记事本，回想从星期一早上开始这段时间里所有的日程安排，我会问自己‘那一次我犯了什么样的错误？’‘哪些事情是我做得对的，怎样才能改进我的做法？’‘我能从那个经验里学到些什么？’自我反省不是一件快乐的事，但是时间一年年地过去，发生这些错误的机会就越来越少。而这种自我分析的方法延续了一年又一年。这是我曾经做过的事情中最有益处的。”

在人生的旅途上，我们不仅需要信心、激情和坚忍不拔的精神，还需要理智地去分析失败的原因。跌倒了不要急着爬起来，要辨别一下方向，再看看是什么东西绊倒了自己。只有找到摔倒的原因，努力从挫折中吸取经验教训，继续学习，不断提高自身的修养，从而增添自己应对困难的自信砝码，才能不再重蹈覆辙，避免更大的损失，从而更好地前进。

生活中，我们周围的每个人都是一个单独的个体，人与人虽然没有优劣之分，但却有很大的不同。这世界上的路有千万条，但最难找的就是适合自己走的那条路。每个人都应根据自己的特长来设计自己的路且量力而行，根据环境与条件，努力寻找有利条件；不能坐等机会，要自己创造机会；拿出成果来，获得社会的承认，事情就会好办一些。每个人都应该尽力找到自己的最佳位置，找准属于自己的人生跑道。

伤痛本身并不可怕，可怕的是沉溺伤痛

我们都知道，红尘滚滚，荆棘丛生，人生的道路曲折而漫长。生命之旅不会一帆风顺，总会出现一些风风雨雨，我们也总会因此而感到痛苦、不如意，乃至悲伤。有时候，伤痛本身并不可怕，可怕的是由伤痛产生的怨恨。一些人面对伤痛，要么沉溺其中，自怨自艾，要么埋怨命运，埋怨他人，甚至做出伤害自己和他人的事，最终后悔终生。

那么，在伤痛面前，我们该如何呢？美国大诗人朗弗罗曾说："乌云后面依然是灿烂的晴天。"这句话告诉我们，人生路上，不管遇到什么，都要乐观面对。莎士比亚说过："聪明的人永远不会坐在那里为自己的损失而哀叹。他们会用情感去寻找办法来弥补自己的损失。"毛主席曾赠柳亚子诗曰；"牢骚太盛防肠断，风物长宜放眼量。"意思是说对待困惑，眼睛要看得远，心要想得开，做到不疑不愁不怒，豁达乐观，这样才能烟消云散、天高地阔，去迎接生活的每一天。

1985年9月19日清晨7时19分，墨西哥西南岸外太平洋底发生8.1级强震，震波约2分钟到达墨西哥城。顿时，该城整个大地突然剧烈颤动，仅仅90秒钟的时间，市中心30%的建筑物便化为瓦砾。在这次地震前的几小时，可爱的胡安娜·哈斯敏·阿利亚斯出生了，在那场灾难中，她不幸地失去了妈妈，但同时她又很幸运，她是当年警察和士兵们从墨西哥城华雷斯

医院废墟里救出的第一个孩子。

爸爸因为无法承受失去妻子的痛苦而和年幼的胡安娜疏远。一直以来，她都住在自己的姨妈家中。但当别人问胡安娜“那场灾难让你失去了母亲，你有什么想法？”时，胡安娜并不会觉得又一次被触碰了伤疤，她从没觉得自己和身边的其他人有什么不一样。对她而言，抚养她长大的姨妈给了自己全部的爱，姨妈就像母亲一样。妈妈能给予的，姨妈也毫无保留地都给予了她。

胡安娜说，正因为知道自己能活下来就是生命的奇迹，所以她要做的就是“朝前看”。现在的胡安娜已经结束了在墨西哥工业技术研究和服务中心的时尚设计课程，她希望在政府专项帮助“奇迹婴儿”的项目资金的支持下，再去学习英语，并上完大学课程。

的确，胡安娜的心态是值得很多人学习的，灾难已经发生，就不要再回首，当你回头往后看那个绊倒你的坎时，你又会想起以前的不幸经历，之前的伤疤又会被重新揭开，隐隐作痛。把头抬起来，天空依然星光灿烂。苦难有时会置人于死地或让人颓废，但有时也会使人爆发巨大的潜能，快速地成长。生活中的人们，无论你在生活中遇到什么，你都要乐观，抛却那些伤心的往事，抛却那些失败后的懊恼，若想开心地生活，就必须勇于忘却过去的不幸，重新开始新的生活。

米歇尔是个命途多舛却又传奇的人。

他在46岁那年在一次交通事故中受伤，整个人被烧得体无完肤。并且时隔四年，他又遭遇一次坠机事件，下半身瘫痪。

第一次，他被送往医院，在医生的抢救后，他醒过来，他发现自己的大部分皮肤已经被烧毁，他周围躺的病人也和自己情况差不多，充斥在耳边的是大家对命运的抱怨："为什么我要遭受这种痛苦，上天为什么要这样对我，还不如死了算了。"

然而，米歇尔却有着完全不同的反应，他问自己："我还拥有些什么呢？我该怎样做才能重新站起来，我还能做些什么呢？"

有趣的是，在那段难熬的日子里，他竟然还结识了医院一位漂亮的女护士，并且他爱上了那个护工，此刻他完全没有在意自己身体上的缺陷，竟然想要与女护士约会，在别人看来，这简直是痴人说梦，可是谁会想到一年半后两人竟然打得火热，并顺利结为夫妻。

米歇尔顽强的精神让他成为《今天看我秀》及《早安美国》节目中的嘉宾，同时《前进杂志》《时代周刊》《纽约时报》及其他出版物也都有米歇尔的人物特写。

米歇尔为什么能创造奇迹？因为他的心态一直都是正面的、积极的，因此，即使在灾难面前，他依然拥有好心情，他看到的就是希望，于是，他最终战胜了困难。米歇尔说："我完全可以掌控我自己的人生之船，那是我的浮沉，我可以选择把目前的状况看成是一个新的起点。"

总之，积极的心态会使人看到希望，保持进取的旺盛斗志。反而，消极的心态使人沮丧、失望，限制和扼杀自己的潜能。积极的心态创造人生，消极的心态消耗人生；积极的心态是成功的起点，消极的心态是失败的源泉。选择了积极的心态，就等于选择了成功的希望；选择消极的心态，就注定要走入失败的沼泽，所以，如果你想拥有快乐的人生，就必须正视伤痛，放弃怨恨，摒弃这种扼杀你的潜能、摧毁你希望的消极心态。这样的人生，才过得有意义。

第八章

积极向上，远离负能量才能给人生做加法

及时逃脱，别被负面情绪控制

生而为人，或许最无奈的事情就是看不清人生的方向。人生的不同阶段，我们总会遇见不一样的苦难，有着不一样的负能量和“死胡同”。胡同很玄很妙，如果没有外人的指引或者发自内心的跳脱，有些人或许花光一辈子的时间也未必能顺利走出。而一旦打开心门，撕开一道小口，只要坚定不移地顺着光亮前进，人生便会豁然开朗。

负面情绪就像是田野上无人管理的野草，一旦扎根，便会“野火烧不尽，春风吹又生”。负面情绪如果不能被及时从我们的内心中排除，便会不断地影响心情、破坏信心，甚至影响到我们的正常生活。仔细观察身边被负能量围绕的人，总是眉头紧锁，冷若冰霜，仿佛全世界的人都对他有所亏欠；又或者郁郁寡欢，对任何事情都提不起精神，严重影响到工作效率，对人对己都造成极大的破坏。这种不会将自己及时从负面情绪中抽离出来的人，必定是可怜又可悲的。

有人说，负面情绪就像是涟漪，你的愤怒与消极会迅速扩散并一层层传递给其他相关或并不相关的人。诚然，负面情绪的传递性与扩散性的确犹如涟漪，但是所造成的后果却不是涟漪般消失于无形。人生在世，我们总是处在一个由各种人群组成的关系社会，各种关系错综复杂，很多时候，即便你只是很短暂的情绪爆发，也有可能在别人的心目中留下不可磨灭的坏印象。

范范刚刚毕业，就以实习生的身份进入到了一家上市公司行政部门当内务助理。实习之后，她被指派的第一件事情就是清点公司D栋楼里所有员工的电脑设备。范范在接到工作安排之后，丝毫不敢马虎大意，拿着一沓清点表，一支笔，马上就开始上下奔走。她万分辛劳地奔走于每个工作间认真核对，登记所有电脑设备的出厂序号。

在这期间，她来到了公司互联网设计部门核查登记。不承想，刚刚一进办公室表明来意，就听到了一连串的怒骂声："谁叫你来这里的？你想做什么？"

"我是行政部刚刚过来实习的，我们经理安排我来这里清点一下大家的电脑。"她惊慌地回答道。看得出来，朝她吼叫的就是这个部门的经理。

"我们部门的电脑不需要你们的任何清点！"对方继续厉声责骂道，"你们行政部每年都会进行清点，每年都是清点得乱七八糟，不但一点用都没有，还总是打扰我们的工作，影响我们的工作效率。你快出去，以后不准过来打搅我们。"虽然不是自己的直属领导，但是面对经理级别人物毫不客气的责骂，范范一时呆住了，愣愣地站在原地，不知该如何是好。过了好一会儿，范范点点头，尴尬地离开了。

回来的路上，范范一直在脑海里回想刚刚发生的事情。这位经理的话泄露出了很多的信息，很明显，这是部门与部门之间的历史矛盾，而她只是很不幸地被当作了炮灰而已。自己其实并没有做错任何事情，反而是这位经理，在这件事情的处理上，显得有失风度。竟然对着一个刚刚入职的实习生发泄自己的怒火。

第三年，范范由于出众的表现，已经升任为公司行政部门的副经理一职。在范范参加的第一个公司领导层的月度会议上，范范再次遇见了那位经理。月度会议上，那位经理一反之前怒骂范范时的凶恶态度，对同级别的领导们都是一副慈眉善目般的笑容。直到见到范范，堆满笑容的脸竟然僵了一下，连耳根子都开始红了起来。

显而易见，这位经理发现了自己当初对范范本不该有的恶劣态度。短暂的情绪爆发或许在所难免。走在人生路上，身为平凡世界中的普通人们，即便再有能力，也很难让自己保持没有任何情绪的波动。但是，身处关系社会，我们应该学会尽量克制自己的情绪，毕竟能力越强，所处位置越高，情绪管理越是应该到位。

我们的一生就如同行走在迷雾中，很多时候都是当局者迷，旁观者清。或许你自认为自己是个非常值得别人信赖的人，但是别人却会通过你的负面情绪看到他们眼中的你，并先入为主，形成思维定势。我们并不是说不应该有任何的负面情绪，但是，身为成年人，身为社会中人，我们应当拥有从负面情绪中及时抽离出来的能力。毕竟，因为一两次的负面情绪而使自己在别人心目中留下不良印象实在是非常不值当的事情。或许，我们会有很多情绪上涌，难以下咽的时候。但是，不仅冲动是魔鬼，沉迷于负面情绪无法自拔更是人生升级版的恶魔。当被恶魔缠身的时候，我们需要学会尽可能快地转身，及时脱离，而不是任由其发展，让恶魔侵占你的人生。

放下过分的执着，才能轻松前行

曾经听说过这么一个故事：火车就要开动了，有一个年轻人匆匆忙忙跑了过来。眼看着车门就要关闭，年轻人急急忙忙地冲了进去，情急之下，他的一只脚却被车门夹住了。幸好车门并没有夹住他的脚，而是将他的鞋夹掉了。这时，火车已经正式开动了，年轻人迅速地脱下另一只鞋，朝第一只鞋子掉下去的方向，毫不犹豫地扔了下去。火车上的人问他为何要这么做，年轻人爽朗一笑，答道："既然已经丢了一只鞋，我留下另一只也没用，不如将它丢下去，万一有人捡到了，还能多得一双鞋。"故事很简单，说明的道理却很深刻：很多时候，已成定局的事情何必强求，既然已经失去，不如勇敢舍得，学会放下，轻松前行。

有一个成语叫作覆水难收，当事情已经变得无法挽回的时候，我们应当学会放弃，其实，放弃也是一种争取。一味地将自己停留在过去的痛苦中，非但徒劳无功，还可能对自己造成更大的伤害。就像苏轼曾经在《水调歌头》里写过的："人有悲欢离合，月有阴晴圆缺，此事古难全。"我们总是被教育要追求人生的完美与两全，殊不知，"月有阴晴圆缺"才比较有意思，如果人生的每一天，天空中挂着的都是一轮圆月，纵然完美，却会失去很多乐趣，不是吗？生活本身从来都不是尽善尽美的，我们总是在追求完美的过程中学会与生活和解，与自己和解。

有一个男孩，在还没进入社会的时候，家人就告诉他："这个社会上的人心最为险恶，等到你以后步入社会的时候，你就会明白这世上除了你的家人以外，没有一个人值得你的信任，更不要完全相信一个人，因为他们都只是想尽办法要占你的便宜而已。"

男孩高中毕业之后，没考上大学，便开始尝试着找工作。然而，他不是莫名其妙地被人解雇就是觉得自己"不适合"那份工作。也就半年的时间，他从销售、送书报、卖小商品一直做到抄写，甚至连建筑工地的搬砖工也去做过，却没有一样能做长久。离职的原因千奇百怪，不是因为他讨厌老板和同事，就是老板和同事对他有意见。"社会就是这个样子，不管我怎么努力，到头来都会遇到坏老板或者同事让我所做的努力变得一文不值，既然这样，我不如早点放弃这种烂工作，总比自己辛辛苦苦半天，到头来却功亏一篑的好。”男孩心里这么想着，也就这么做着。

终于有一天，有一个相熟的朋友问他：“你不喜欢你的工作吗？”男孩仔细思考了一下：“其实还好，自己还是挺喜欢目前这份工作的。”“那你为什么看起来总是不开心呢？”朋友接着问道。

朋友的话让男孩陷入了思考：的确，这么长时间以来，好像不是自己遇到的老板和同事们奇奇怪怪，而是自己有点奇怪。每次进入新公司以后，自己对所有人总是充满戒备。遇到难题的时候不知道问人，只会自己苦干；有人想帮自己的时候，自己也是把对方当成贼一样地防备着；同事有困难的时候也未曾见自己伸出援手；进入公司好几个月的时间了，对自己的职位总是一种可有可无的态度，似乎随时准备离职……想通之后，男孩不得不承认，如果自己是老板和同事，可能也不会喜欢与这样奇怪的人相处。

男孩终于明白，整天疑神疑鬼、胡乱猜疑对自己是没有一点好处的。自己反倒应该放下戒备，培养自己与人合作的能力，积极地寻找生活中的战友，而不是消极地逃避一切。

舍与得从来都是相辅相成的因果关系。因为某些原因放不下心中的某些事，过分地执着，你以为是对别人的报复，其实到最后因此而受伤的只有你自己。生活中总是会遇见这样的人：因为某一件小事对某个人有了意见，本可一笑置之，却总是过不了自己内心的那道槛儿，原本很小的意见随着时间的流逝并没有被冲淡，反而更加枝繁叶茂。这样的人难以原谅别人，自以为坚持自我有个性，实则只是跟自己过不去。虽然我们的生活中难免会遇到和我们观念不同的人，但是这并不代表着我们周围的所有人都会这样。我们不喜欢自己受人所迫，更不应该强迫别人认同自己的观念与意见。愤懑的时候告诉自己：不愉快的经历其实是我们生命旅程中的磨砺，也是催促我们成长的动力，经历的事情多了，你的收获也会更多，人生也会更加丰满。

学会自我调节，对自己进行积极的暗示

在我们的生活中，我们发现，似乎总有这样一些人，他们总认为自己不开心，在他们看来，“自己好像被命运欺骗了，既得不到它所承诺的生活，又失去了那些对自己而言最珍贵的东西：时间，青春，以及巨大的精力。”这些愁怨在他们心中郁结着，他们甚至忘记自己已经多久没有开怀地笑过了。

那么，这些人为什么认为自己不快乐呢？其实，这是因为他们对自己的潜意识进行了负面的暗示，潜意识是只会执行而不会筛选的执行机器，如果你反复暗示它，你是不快乐的，那

么，你就难以微笑出来。

人生短短数十载，困难和挫折都在所难免，这些都不是悲剧，最大的悲剧是悲观失望，要知道，每个人都不能预知未来，但我们可以以一颗坦然的心面对。只要做到积极乐观、永不绝望，就一定能渡过逆境。

所以，我们每一个人，都应该学会在日常生活中培养自己乐观的精神，都要对自己进行积极的暗示，无论遇到什么事，也都不要忧郁沮丧，无论你有多么痛苦，都不要整天沉溺于其中无法自拔，不要让痛苦占据你的心灵。

有这样一个人，她是单位里别人眼中最“幸福”的女人，她的幸福，并不是因为她漂亮、物质生活充足，而是她脸上永远散发着令人舒心的笑容。刚结婚那年，在她身上发生了一件不幸的事——车祸。因为出车祸，让她留下了腿部的残疾。但任何一个同事，坐在她的身边都会有一种非常舒服的感觉，因为你会被她的那种温和、乐观的情绪所感染。

残疾对于一个女人来说已经非常不幸了，两个人所组成的家庭里如果有一部分不完整，生活中的风风雨雨就可能会“乘虚而入”，但是她的家却是幸福和温馨的。她和丈夫之间的感情很好，她们的生活非常快乐。而这一切正是因为她的心态是平和的，她的人格是独立的。她从来不把自己看作是一个残疾人而给丈夫增添更多的心理压力。相反，当丈夫处于事业上的瓶颈期时，她会用她乐观的态度鼓励丈夫重整旗鼓，因此她也获得了更多来自丈夫的关怀与爱护，这比自己强迫来的要真实和自然得多，也更踏实得多。

故事中的这个女人，即使残疾，她也选择了一个可以让自己快乐、幸福的人生态度——乐观。有本书上说过：“思想……能令天堂变地狱，地狱变天堂。”其实生活得快乐或是悲伤的选择权就在你手中……相信自己能做个乐观的、爱笑的人，你就能快乐。

有人说，这世界上存在两种人，划分的标准就是他们对待事物的态度，一种是乐观的人，一种是悲观的人。乐观者，他们的脸上总是挂着微笑，似乎没有事情能难倒他们，因此，他们生活得幸福、坦然；而悲观的人，他们似乎总是把眼光盯在事物坏的一面，于是，他们总是感到低迷，整日郁郁寡欢。有句话说得好：“乐观者在灾祸中看到机会，悲观者在机会中看到灾祸。”微笑看待人生，好运就不会远离。

的确，乐观就像心灵的一片沃土，为人类所有的美德提供丰富的养分，使它们健康地成长。有一位虔诚的作家，在被人问到该如何抵抗诱惑时回答说：“首先，要有乐观的态度；其次，要有乐观的态度；最后，还是要有乐观的态度。”

用乐观的态度对待人生就要微笑着对待生活，微笑是乐观击败悲观的最有力武器。无论命运给了我们怎样的“礼物”，都不要忘记用自己的微笑去看待一切。微笑着，生命才能将利于自己的局面一点点打开。在饱受约束的现实生活中，要让心灵快乐的飞翔。微笑还应该是一种境界，苏轼《题西林壁》云：“横看成岭侧成峰，远近高低各不同。不识庐山真面目，只缘身在此山中。”看似浅显，其实饱含生活哲理。人人都要面对红尘命运中的各种磨难和悲辛，若身在其中，心思却能够跳脱其上其外，以那种怀禅的释然、纳海的胸襟、平和的意绪，坦诚面向过往未来一切莫测的事变，那么尽享祥和的微笑是不言而喻。

不得不说，任何一个人，他的生活快乐与否，完全取决于个人对人、事、物的看法如何，而这样的看法又会传输给潜意识，从而决定了我们的行为和生活状态，因为，生活是由思想造成的。如果我们想的都是欢乐的念头，我们就能欢乐；如果我们想的都是悲伤的事情，我们就会悲伤。的确，人生在世，快乐的活着是一生，忧郁的过也是一生，是选择快乐还是忧郁？这完全取决于做人的心态，正确的做法就是不断地培养自己乐观的心态，远离悲观，它既是一种生活艺术，又是一种养生之道。

生活中的人们，在生活中，你也可能遇到某些困难，遇到某些不顺心的事，你也可能会因此变得沮丧。其实，应告诉自己，困境是另一种希望的开始，它往往预示着明天的好运气。因此，你只要放松自己，告诉自己希望是无所不在的，再大的困难也会变得渺小。

所以，总的来说，对于未来的生活，我们必须要学会历练自己，学会自我调节，学会对自己进行积极的暗示，这样，在未来荆棘密布的人生道路上，无论命运把你抛向任何险恶的境地，你都能做到积极、快乐地生活！

在挫折中学会坚强，才能更好地驾驭生活

有人说，人可以简单分为两种类型：神采奕奕型和沮丧忧烦型。神采奕奕的人生活得幸福而自信，脸上总是挂满笑容，让周围的人都能感受到他的温暖，时常给人鼓励和信心，让人充满激情和斗志；而沮丧忧烦型的人常常自怨自艾，眉宇间总是有些忧愁，心间总是挂满自卑和失落，让接触到的人莫名地也滑入消极和伤感的深渊……这两种人其实也就是乐观者和悲观者。很明显，乐观者让人快乐而自信，消极者让人低沉而忧伤……试问你更愿意做哪一种人？当然是前者。

人有悲欢离合，月有阴晴圆缺。人生无常，没有谁能保证前方的路总是平平坦坦。遇到些挫折和磨难在所难免。在挫折中学会坚强，才能更好地感知生活，拥抱生活，创造生活，享受生活。

坚强是一种勇气和品质，更是一种理智和智慧，它告诉我们如何去享受生活，如何去调节自己的心情，找到让自己更快乐的秘籍。面对挫折和磨难，我们不应该过分地沉迷于痛苦和

悲伤之中，更不应该迷茫或迷失方向。现实生活中，经历些风雨，遇到些磨难，遭遇些挫折，都是很平常的事。若因一时受挫而放大痛苦，灰心丧气，自卑绝望，自弃沉沦，那将会错失良机、终身遗憾。

1906年11月，本田宗一郎出生在日本荒僻的兵库县的一个贫穷家庭。由于家庭贫穷，9 个孩子中有5个因营养不良而夭折。

本田在上学的时候非常喜欢逃课，这让他的父亲伤透了脑筋。用本田自己的话说“那种正规的教育真是让人厌恶！”但是，对于学校的实验课，他却非常喜欢，所以他经常逃课去别的班级上他们的实验课。早期的这种富于探索的精神，为他以后的事业奠定了良好的基础。

后来，本田创立了自己的摩托车制造公司。当时摩托车行业已经趋于饱和了，但是他没有畏惧，依然硬着脑袋挤了进去。在5年内，他打败了250个竞争对手，实现了儿时制造更先进的摩托车的梦想。当然，这期间，他经历了一系列失败。

当本田成功的时候，他说：“回首我的工作，我感到我除了错误，一系列失败、一系列后悔外什么也没有做。但是有一点使我很自豪，虽然我接连犯错误，但这些错误和失败都不是同一原因造成的。这使我在失败中学到了很多东西。”

本田总结道：“企业家必须善于瞄准不可能的目标和拥有失败的自由。”这句话言简意赅地阐明了做大事的人所必须拥有的心态，这对很多人产生了深远的影响。

本田的成功经历告诉我们，人生没有一帆风顺的，都要经历一些挫折和失败。这些挫折和失败并不可怕，可怕的是因为害怕而放弃了希望。只有那些把挫折和失败当成动因并能从中学到一些东西的人，才会接近成功。因为心态是决定事业成功的奠基石，未来的路我们谁都无法预料，我们能做的就是放平心态，锁紧目标，攻克形形色色的困难。

为此，我们一定要扫除内心的阴霾。其实，日常生活中保持良好心情的“砝码”就在你的手中。

1.转移情绪

当你遇到一些会使你心理不稳定的事的时候，你应迅速把注意力转移到别的方面去。这样很快就会把原来的不良情绪冲淡以至赶走，而重新恢复心情的平静和稳定。

2.宽以待人

人与人之间总免不了有这样或那样的矛盾，同事、朋友之间也难免有争吵、有纠葛。只要不是大的原则问题，应该与人为善，宽大为怀。绝不能有理不让人，无理争三分，更不要为一些鸡毛蒜皮的小事争得脸红脖子粗，伤了和气。

3.忆乐忘忧

生活中，有乐事也有忧事，对此应进行精心的筛选，不能让那些悲哀、凄凉、恐惧、忧虑、彷徨的心境困扰着我们，要经常忆乐忘忧，切不可让阴影笼罩心头，而失去前进的动力。

能做到以上三点，我们也就能保持稳定、健康、快乐的心情了。

在苦难、挫折、失败面前，我们不必怨天尤人、自怨自艾，而应该坚强一点，在坚强中锤炼自己的情操和心灵，淬炼自己的毅力和品质。你不妨把挫折当成一缕清风，让它从你耳边轻轻地吹过；把痛苦当成你眼中的一颗尘土，眨一眨眼，流一滴泪，就足以将它淹没掉，至于苦难，那也不过是人生的一个小插曲而已！

满怀仇恨，等于自我毁灭

在日常生活中，我们难免会与别人产生误会和摩擦，如果对他人产生仇恨之意，仇恨便会悄悄成长，最终会堵塞通往成功的路。如果仇恨是火的话， 这团火藏在你的心里，而你一直仇恨的对象却在你的心外，那么这团火就在烧着你自己的心，而对方只能感受到一点点热度而已，所以放下仇恨吧，远离仇恨，学会宽容，那么也就是在宽容自己。

在热带海洋，有一种奇异的鱼，名叫紫斑鱼，它的奇异之处，并不是因为它身上的斑，而是因为它浑身长满了毒刺。它们常常会因为愤怒而用这些刺去攻击其他海洋生物，它越是内心仇恨，这种刺散发的毒性就越大，对其他生物的危害就越大。从紫斑鱼的正常生理功能来看，一条紫斑鱼一般能活到七八岁，但实际上紫斑鱼却活不过两岁，这是为什么呢？

原因还是在这些毒刺上：在紫斑鱼利用这些毒刺攻击其他生物时，它越是满怀“仇恨”，它的毒刺攻击得越毒越狠，对别的鱼类伤害越深，对自己的伤害也就越深，因为它心中的“怒火”在烧毁别人的同时，也在烧毁自己，使自己五脏俱焚，一命呜呼。

然而，世间万物，被自己所伤的，自己败给自己的，又岂止是紫斑鱼呢？那些总是满怀仇恨的人，那仇恨之火不也在伤害他们自己、毁灭他们自己吗？

人类是这个世界上情感最为复杂的动物，与爱相伴相生的还有恨。仇恨是人类情感的毒素。仇恨所产生的报复在这个世界上随处可见。因为仇恨，有些人残杀他人的生命；因为仇恨，亲人间反目成仇；因为仇恨，朋友间老死不相往来。仇恨的后果是危害社会，使人被伤害，同时自己也被伤害。仇恨吞噬生命、肉体和精神的健康。冤冤相报是我们所不愿看到的。而其实，面对他人的伤害、欺骗等行为，如果我们能从对方的角度考虑，便会理解他的处境，从而能减轻乃至消除怨恨。

我们先来看下面一个故事：

在“二战”期间，一支部队在森林中与纳粹军队相遇发生激战，其中两名战士最终与自己的队伍失去了联系，没有人知道他们在哪里，人们都以为他们牺牲了。

他们来自同一个淳朴的小镇，镇上的人彼此都认识，所以大家都像一家人。他们原来就是很要好的朋友。此次在生死未卜的战斗中，互相照顾、彼此不分。

与队伍失散后，两人在森林中艰难跋涉，互相鼓励、安慰。十多天过去了，他们没有看到一个人影，回到部队的希望越来越渺茫，更严重的是，因为战争的缘故，动物四散奔逃或被杀光，生存都出现了危机。

就在他们奄奄一息之际，他们幸运地打死了一头鹿，看来天无绝人之路，依靠鹿肉又可以艰难度过几日了。这让他们着实兴奋了好长一段时间。但在这以后，他们再也没看到任何动物。仅剩下的一些鹿肉，背在年轻战士的身上，生存又成了问题。

有一天，他们在森林中寻找食物时不幸遇到了敌人，经过再一次激战，两人又一次巧妙地逃脱，就在他们自以为已安全时，只听到一声枪响，背着鹿肉走在前面的年轻战士中了一枪，这一枪打在他的肩膀上。后面的战友惶恐地跑了过来，他害怕到语无伦次，抱起倒在地上的战友泪流不止，并赶忙把自己的衬衣撕成条来包扎战友的伤口。

夜深了，受伤的战士肩膀上包扎的衣服一片血红，他对于自己的生命并不抱任何希望。而那位未受伤的战士两眼直勾勾的，嘴里一直叨念着母亲。用来救命的鹿肉谁也没有动，他们都以为自己的生命即将结束。那一夜令两个人都终生难忘。

天知道他们是怎么过的那一夜。第二天，当太阳升起的时候，他们被自己的部队发现，他们获救了。

故事发生到这里，似乎告一个段落，是个喜剧结局。

但事隔30年，那位受伤的战士安德森说："我知道谁开的那一枪，他就是我的老乡、战友。"这实在是太惊人了。

安德森平静地说："他去年去世了，否则我永远都不会说，如果我死在他前面，我会让这个故事烂在肚子里带走。那年在森林里，当他抱住我时，他的枪筒还在发热，我顿时明白了，他想独吞我身上带的鹿肉活下来，但当晚我就宽恕了他。因为我知道他活下来是为了照顾他的母亲。此后30年，我装着根本不知道此事，也从不提及。战争太残酷了，没有纳粹的存在，就不会有这样的悲剧。令人难过的是，他的母亲还是没有等到他回来就撒手去了。我和他一起祭奠了老人家。他跪下来，流着泪请求我原谅他。我拥抱着他，不让他说下去。于是，我宽恕了他，我的心没有仇恨，异常的平静。我没有失去什么，我们又做了二十几年推心置腹的朋友。"

故事中主人公安德森是豁达的，面对朋友对自己的伤害，他选择了忘却。忘却就是一种宽容，人人都有痛苦，都有伤疤，动辄去揭，便添新创，旧痕新伤难愈合。忘记昨日的是非，忘记别人先前对自己的指责或谩骂，时间是良好的止痛剂。学会把伤害留给自己，把宽容留给他人，生活才有阳光，才有欢乐。

可见，宽容是一种美德，是对犯错误人的救赎，也是对自己心灵的升华。不要总是想着对方怎么伤害、得罪了你，给你造成了多少损失，而应该想想这件事值不值得你伤神。想想对方是不是值得你去如此发火。他是故意的还是无心的？平日待你如何？给对方一个机会，就是给自己一个机会。对于一些人，原谅，远远要比惩罚来的有效。也许只是一时的失误，也许只是一闪而过的歪念。人总有犯错误的时候，宽恕他人就是救赎自己！

郁闷时，要懂得如何调节自己的心情

有一对姐妹，姐姐玛丽从小就冰雪聪明，乖巧可爱，长大后也如愿做了一名芭蕾舞演员。妹妹瑞秋虽然也长得惹人怜爱，但和姐姐相比，她总觉得自己差了一大截。

连续两次高考落榜后，瑞秋最后只得上一所名不见经传的专科学校，本来就有些自卑的她从此变得更加抑郁，觉得自己一点都不招人喜欢。

邻居有个大哥哥叫杰克，长得帅，又会打篮球，和姐妹两人是青梅竹马的好朋友，瑞秋已经偷偷喜欢他好久了。可是，杰克似乎更喜欢姐姐，因为他经常向瑞秋打听姐姐的事情，为此，瑞秋很伤心。

圣诞夜到了，瑞秋的父母决定举行一次盛大的晚会，邀请所有的亲戚朋友来玩，杰克自然也在受邀行列之内。

晚会当晚，姐姐盛装打扮，吸引了在场所有男士的目光。瑞秋就像是姐姐的影子，没有人注意她。

当晚最令人期盼的时刻就是跳舞的时候了，这一刻，每一个男孩子都可以邀请自己喜欢的女孩子跳一支舞。看着一群男孩子争相邀请姐姐跳舞，瑞秋心想：杰克应该也在等待和姐姐跳舞吧！不想看他和姐姐跳舞，瑞秋决定独自一人到花园走走。

"我可以请你跳一支舞吗？"就在瑞秋准备出去的那一刻，她听到一个温柔的声音在对自己说，抬起头，竟是杰克。

"你为什么不邀请玛丽跳舞，她那么漂亮？"舞池中，瑞秋不安地问着杰克。

"她是很美，但每个人都有自己的美丽之处，她像玫瑰，热情大方，但你像百合，纯洁无瑕。相比于玫瑰，我更喜欢百合。"

"那你为什么经常向我打听玛丽的事情？"瑞秋吃醋地问道。

"傻瓜，那是因为我想引起你的注意。"

自此之后，瑞秋再也不会感到抑郁了，因为她终于明白：每个人都有一片美丽的天空，只是抑郁之情遮掉了所有的色彩。

每个人都有自己的长处，都有值得自己骄傲和珍惜的地方，星星不会因为太阳的光芒而收敛自己的光芒，小溪也不会因为大海的广阔而停止流淌，生活也没有必要因为一点点不如意而整日抑郁。

人，总容易把自己想得很不幸，于是开始为自己没有花容月貌而抑郁；为自己没有财富地位而抱怨；为一场突如其来的疾病而丧失对生活的信心。其实，没有花容月貌，你还有聪明才智；没有财富地位，你还有家庭温情；就算得了重病，你还有机会可以治愈。无论遇到什么，人生总会有一些值得我们庆幸的事，只是抑郁的心情，遮住了蔚蓝的天空，从此，他们开始用抑郁的眼睛看世界。

抑郁，真的是要不得的心理，一代佳人林黛玉因抑郁而香消玉殒，歌坛宠儿张国荣因抑郁而坠楼身亡，央视名嘴崔永元也因抑郁暂离荧屏。在中国，每年因抑郁症而自杀的人已经上升到了20万人，在美国3亿多人口中也有500万人在服用抗抑郁药物。越来越多的人饱受抑郁之苦，我们应该及时审视自己的心态，倘若真的有抑郁的苗头，就要快刀斩乱麻，将其扼杀在摇篮里。

当你心情郁闷的时候，首先要懂得如何调节自己的心情。你可以约朋友去看一场电影，也可以去看看大海，吹吹海风，又或者给自己放个假去旅游放松放松心情，再或者找个咖啡店坐在窗边，看看路上的行人，想想以前开心的事。那样我们的生活就会到处都是阳光，抑郁就不会在我们心里生根发芽。

自信是抵制抑郁侵袭的一个绝好方法，我们应该善于从自己成功的案例中进行自我肯定，然后激励自己不断挑战新的事物，在紧张和刺激中寻求满足和自我认可。

重新审视一下你自己，你有疼爱你的父母，有爱护你的兄弟姐妹，有对你谆谆教诲的老师，有一份安逸稳定的工作，还有一个疼爱你的丈夫，一个可爱的儿子。你拥有了全世界所有的幸福，还有什么理由去抑郁呢？即使缺少了其中的某一样，但这个世界总归还有让你觉得温馨的情感。

生活可以过得很幸福，只要挣脱抑郁的罗网；给自己一个笑脸，世界将五彩斑斓。

不要被他人的消极情绪感染

美国夏威夷大学的心理系教授埃莱妮·哈特菲尔德及她的同事经过研究发现，包括喜怒哀乐在内的所有情绪都可以在极短的时间内从一个人身上“感染”到另一个人身上，这种感染力速度之快甚至超过一眨眼的工夫，而当事人也许并未察觉到这种情绪的蔓延。我们会有这样的体会：如果哪一段时间，你的领导心情不错，你的同事们都会被感染，大家的默契程度会提高，做起工作来也更得心应手；如果哪一天，领导情绪低落，则大家都不敢说话，工作积极性不高，工作效率也受到情绪的影响。当然，情绪的传染不仅仅在上下级之间这样明显，实际上，关系越密切，越熟悉的人之间，情绪的感染就会越明显。

生活中，当我们的亲人、朋友、同事情绪低落时，我们难免也会有所触动，并希望自己能安慰对方。但无论如何，我们都不要被对方的消极情绪感染。

一天下午，一个在日本学习武功的美国人在地铁里遇见一位滋事挑衅的醉汉，车厢中的乘客都敢怒不敢言。他见醉汉实在太过分，准备好好教训一下这个家伙。醉汉见后，立即朝他吼道："哟呵！一个外国佬，今天就叫你见识见识日本功夫！"说罢，摩拳擦掌地准备出击。

这时，一位和蔼的日本老人朝醉汉招了招手。醉汉骂骂咧咧地过去了。

"你喝的是什么酒？"老人含笑地问道。

"我喝清酒，关你什么事？"醉汉依旧气势汹汹。

"太好了，"老人愉快地说，"我也喜欢这种酒。每到傍晚，我和太太喜欢温一小碗清酒，坐在木板凳上细细品尝。这样的日子真是叫人留恋。"接着，老人问他："你也应该有一位温婉动人的妻子吧！"

"不，她过世了……"醉汉声音哽咽，开始说起他的悲伤故事。过了一会儿，只见醉汉斜倚在椅子上，头几乎埋进老人怀里。

这里，我们发现，这位日本老人很善于安慰他人，面对气势汹汹的醉汉，他能以体贴的心情，让醉汉掏出心窝子话。

生活中，可能也有很多人和故事中的老人一样善良，但又有多少人能做到在安慰他人的时候，不被对方的坏情绪感染呢？

2009年，贝克汉姆在回归洛杉矶银河队后的首个主场比赛中遭到了球迷的嘘声和抗议。

赛后接受美国当地媒体的采访时，贝克汉姆表示自己并不在意球迷的嘘声，他说：“我不在乎。你不可能让所有的人都喜欢你。”在当天的比赛中，贝克汉姆用场上出色的表现回击了来自球迷的嘘声。银河队打入的两个进球都和小贝有关，其中一球还得益于他的直接助攻。

就连曾经公开批评过贝克汉姆的银河队球员多诺万也表示：“如果大卫一直保持这样的状态，我确信他最终能赢回球迷的支持。”

可以说，贝克汉姆是一个能坚守内心、不被外界评价干扰情绪的人，的确，正如他说的那样，要想打破他人的成见，我们最应该做的事是做好自己，用实力给他们致命的一击。

人世间有太多会扰乱我们心绪的因素，对此，我们要懂得调节，才能避免他人的干扰，为此，我们需要注意以下几点。

第一，静下心来。要学会独处，然后去思考，把自己的心放空，这样，你每天都会以全新的心态和精神面貌去生活、工作。同时，你需要降低对事物的欲望，淡然一点，你会获得更多的机会。

第二，学会关爱自己，爱自己才能爱他人。多帮助他人，善待自己，也是让自己宁静下来的一种方式。

第三，心情烦躁时，多做一些安静的事，比如，喝一杯白开水，放一曲舒缓的轻音乐，闭眼，回味身边的人与事，对新的未来可以慢慢的梳理，既是一种休息，也是一种冷静地思考。

第四，和自己比较，不和别人争。你没有必要嫉妒别人，也没必要羡慕别人。你要相信，只要你去做，你也可以的。为自己的每一次进步而开心。

第五，不论在任何条件下，自己都不能看不起自己。

第六，不要怕工作中的缺点和失误。成就总是在经历风险和失误的自然过程中才能获得的。懂得这一事实，不仅能确保你自己的心理平衡，而且还能使你自己更快地向成功的目标挺进。

第七，不要对他人抱有过高期望。百般挑剔，希望别人的语言和行动都要符合自己的心愿、投自己所好，是不可能的，那只会自寻烦恼。

第八，学会忍耐，用自己的智慧改变现有的状态。你需要把目光放长远一些，多一些忍耐，忍耐别人的讥讽，多一些忍耐，忍耐身体的疲惫，忍耐成功前较少的收获。虽然需要忍耐的太多，但是能够看到成功的到来，任何忍耐都是值得的。

总之，每天保持一份乐观的心态，如果遇到烦心事，要学会哄自己开心，让自己坚强自信，只有保持良好的心态，才能让自己心情愉快！

第九章

与其抱怨，不如立即行动改变自己

患得患失，你永远无法行动

生活中，失败平庸者多，除了心态问题外，还有思维方式的问题。他们在面临一项新的挑战时，不是想着如何去战胜困难，而是开始担心这样那样的问题。例如，一个只能做一点简单工作获得微薄收入的人，让他去做点小生意，他首先会有一连串的担心：赔了怎么办？店面不合乎要求被相关部门罚款怎么办？与合伙人闹翻了怎么办？甚至钱多了不安全怎么办？顺着这种思路想下去，那么干什么都不如原地待着不动安全，虽然穷一点、苦一点，但总算不必承受那些额外的负担。

我们的思维也需要做到与时俱进。有时候，可能你觉得你已经进入死胡同，但事实上，这只是你没有找到出路而已。而改变事物的现状就要运用思维的力量，思路一变方法来，想不通就没办法，想通了又非常简单，人的思维就是这样奇妙。对于怕被树叶砸了脑袋的人，我们不妨发扬一下打破砂锅问到底的精神，看看那些臆想中的灾难是不是真的能把人给吞没。

王宁是一家企业的会计，收入虽然不多但是工作还算稳定，随着自己小家庭的建立，他越来越意识到家庭经济压力的严重性。他和妻子商议，当年同系的师哥成立了会计师事务所，正邀请自己加盟，不如趁现在年轻出去打拼一下。妻子开始并不同意，她担心将来事务所经营不善，现有的稳定工作也丢了，到时候后悔都来不及。王宁耐心地做妻子的思想工作，他说："我希望开始我自己的事业，不趁年轻时打拼一下，以后我们老了，想做什么也有心无力，那时候只会更加后悔。你先别太担心如何面对失败，我们可以这样想，我辞职出去做事务所，可能发生的最坏的事情是什么呢？我可能失败，事务所解散。如果事务所解散，可能发生的最坏的事情是什么呢？我将必须去做任何我能得到的工作。那样可能发生的最坏的事情是什么呢？也不过是绕了一圈，又回到与原来相似的岗位上。然后我可能还会辞职创业。于是，我会再找一条路子去经营我自己的事业。然后呢？也许第二次或第三次，我将获得成功，因为我逐渐学会了如何避免失败。"

有时候，我们怕的不是既定的事实，而是那些落不到实地的推测。面对那些未知的抉择，我们患得患失，常常会因为无法预料而感到恐惧，会不自觉地、先入为主地用消极悲观的心态去面对未来的一切。在这种情况下，我们应该努力学会调整思路、调整心态。

很多时候，人们不是被困难和挫折打败了，而是他们放弃了心中的信念和希望。对于有志气的人来说，不论面对怎样的困境、多大的挑战，他都不会放弃最后的努力。因为成功与不成功之间的距离，并不是一道巨大的鸿沟，它们之间的差别只在于你的思维和选择。

1.打破现有的安逸假象

一个人不愿改变自己，往往是舍不得放弃目前的安逸状况。而当你发觉不改变现状已经不行的时候，你已经失去很多宝贵的机会。

因此，即使你现在每天衣来伸手饭来张口，但你必须明白，未来社会，你将面对更激烈的社会竞争的洗礼，你必须有随时改变自己、更新自己的意识。

2.练好支持你思路的内功

眼光是否敏锐，观察与思考是否缜密等，是衡量一个人综合素质的重要标尺。而基本素质的高低，取决于对知识掌握的多少，取决于思想理论水平的高低。常言道，学然后知不足。勤于学习的人，越学越能发现自己的不足，于是想方设法充实自己、提高自己，学到更多的东西，视野会随之开阔，从而跟上前进的步伐。

3.跳出问题之外看问题

任何人想要解决问题，必须在他的思想中超越问题。这样，问题就不会显得如此令人畏惧。而且他会产生更大的信心，深信自己有能力去解决它。

在你进行尝试时，你要抛掉所有“不可能”的念头，从心理上超越它，只有这样，你才能站在高高的位置上，低头俯视你的问题。

任何成功都源于改变自己，你只有不断地剥落自己身上守旧的缺点，才能做到敢为人先，才能抓住第一个机会，才能实现自己的进步、完善、成长和成熟。

真正的强者，从来不埋怨

成功只会垂青那些积极主动的强者，只要你敢于担当，勇于接受来自生活的挑战，那么，任何艰难险阻都会变成坦途。真正的强者，从来不埋怨，他们总是会把那些消极的想法从内心扫除，让自己的内心充满阳光、充满希望。

乔治从事保险行业，在他居住的那个小城镇，乔治是最受欢迎的保险业务员。但是小城镇毕竟面积很小，人口也有限，慢慢地，乔治很难开展新业务了。有一次乔治乘火车外出，发现沿线有不少铁路工人家庭定居。他忽然想到：我为什么不尝试在这些地方推销保险？这些地方虽然荒凉，但在那几百千米的线路上，应该还是保险业务的空白区。乔治想到做到，他立即着手制订计划，做好一切准备。此后，他一直往返于铁路沿线推销保险。人们很喜欢他，有保险方面的需要时首先会想到他。一年过去了，乔治的业绩已然超过百万美元。

每一个正在社会上打拼的人，相信你一定有自己的理想，这种理想决定着你的努力和判断的方向。但要想将理想化为现实，我们还必须有必胜的信念，相信自己能做到，然后潜意识才会接收我们的指令，最后将之实现。其实，无论是企业经营还是开展新的事业或开发新产品，很多人头脑思考的结果首先是没有信心：恐怕不行吧，恐怕做不好吧。但是，如果一味地顺从这个“常识性”判断，那么原本可以做的事情也变得不能做了。如果真正想做一件事情，首先要树立坚定的信心，要有强烈的将之做好的愿望，这都是不可或缺的。

同样，如果你正在为一件事努力，那么，如果你能给自己一些积极的暗示——我一定能成功，我一定能做到，你便能化压力为动力，产生超越自我和他人的欲望，并将潜在的巨大内驱力释放出来，进而最终获得成功。成功者的标准作风，是拿得起放得下，看准了就行动。

当年中国台湾“经营之神”王永庆将日本的PVC塑料生产技术引进中国台湾的时候，曾面临严峻的挑战，首期生产的PVC产量是一年100吨，而当时中国台湾的年需求量只有20吨，供过于求，产品线上还是不上？王永庆经过深入的分析调查发现了问题，中国台湾PVC塑料需求量太少的原因是价格太贵，如果扩大生产，增加产量，实行薄利多销，是可以带动起市场需求的。于是他做出一个惊人的决策，明知生产过剩，还要大幅度增加产量。事实证明王永庆的想法和做法都是无误的，他缜密而大胆的经营策略让他打了漂亮的一仗。

我们可以肯定，支持王永庆做出这种决断的思想基础，是对市场的深刻了解和对自己判断力的充分信心。如果当时王永庆首先想到的是产品积压、资金周转困难、公司倒闭，那么他的选择肯定就是另一个了，退缩的结果，是世界上多了一个庸庸碌碌的生意人，而少了让所有人钦佩的“经营之神”。

占了世界上大多数人口的普通人群中，肯定也有不少智慧出众的人，他们之所以出不了头，不是差在勤奋，而是差在胆识。是的，任何一项新的行动都是有风险的，付出了，你有可能就此闯出一番新天地，也有可能败得灰头土脸，但可以肯定的是，如果前怕狼后怕虎，你将永远平庸下去出不了头。认真比较一下，还是敢于行动的前景更光明一些。

思想加行动是成功的必要条件，道理我们都很容易理解，但是努力的过程中，往往会有力不从心的感觉，于是一些意志薄弱的人就开始打起了退堂鼓。一个人来到这个世界上，面对生活中的诸多不如意，我们只有两个选择，要么接受，要么改变。抱怨是接受事实的阻碍，我们总是想这件事难度太大了，这样的事情怎么会发生在我的身上呢？我怎么能接受这样的事情呢？于是，在我们产生抗拒心理的时候，我们已经失去改变这件事情的机会。那么，当我们无休止埋怨的时候，有没有想过比埋怨更好的解决方法呢？

可能天下最无奈的一句话就是：“我当时真该大胆地去做。”我们生活的周围，也经常有人感叹：“如果我在那时开始那笔生意，早就发财了！”或“我早就料到了，我好后悔当时没有做！”一个好创意，如果只是想想而已并没有被执行的话，真的会叫人叹息不已，感到遗憾；如果真的彻底施行，当然也会带来无限的满足。作为我们自身，要获得期望，他人的激励是一个方面，而最重要的是我们要挖掘出隐藏于潜意识背后的自己的力量，这样，你才能获得自信，才能始终拥有向上的热情和奋斗的激情，你才能最终看到成功的曙光。

与其埋怨环境，不如改变自己

生活中，我们常常听到一些人抱怨“哎！每天都在重复这些工作，真是浪费生命！”“为什么每次都让我去处理这些事！”“什么时候才能给我涨点工资呢？”……他们对工作似乎一点也不满意，而实际上，你在抱怨不满时，应该适当地反省。为什么自己会有这样那样的不满？是不是因为自己做得不够好？从这些方面来说，其实抱怨也可以作为一个加速器，加速自己的成功。只要你能够通过抱怨看到自己的缺点，你就会进步。

事实上，聪明人懂得通过抱怨来反省自己，接纳生活，让生活变得更美好。抱怨自己的人，看到自己的缺点，一定会更加努力。

同样，处于某种环境下的人们，当你因为抱怨环境太糟糕而一味地拖延的时候，为何不选择通过立即行动来改变自己呢？为何抱怨工作环境不好、薪水不高、老板不够和蔼呢？为何不反思自己是否做得已经到位、是否有着高效的执行力呢？

在美国的一所小学里，有这样一个班级，这个班级的学生比较特别，他们一共有26个人，都是“失足”的孩子，他们有的进过少管所，有的吸过毒，总是让老师和家长失望透顶。

在这个班级成立后，一位叫菲拉的女老师接手了这个班级。在她给学生们上的第一节课上，她并没有如人们想象的那样整顿班级纪律，而是在黑板上给孩子们出了一道选择题。让孩子们根据自己的判断选出一位在后来能够造福于人类的人。她列出3个候选人：

A.笃信巫医，有多年的吸烟史，嗜酒如命，还有两个情妇的人

B.有正经工作，但却不珍惜，每天睡到中午才起床，钟爱酒精，每天都要喝一斤多的酒，还吸食过鸦片的人

C.曾有过辉煌的历史，是国家的战斗英雄，不吸烟喝酒、坚持食素，从不违法的人

结果大家都选择C。

菲拉老师公布答案，A是富兰克林·罗斯福，连续担任过四届美国总统；B是温斯顿·邱吉尔，英国历史上最著名的首相；C是阿道夫·希特勒，“二战”发动者。

孩子们看呆了，不明白为什么结果会是这样，接下来，菲拉老师满怀激情地告诉大家：“孩子们，一个人，无论他的过

去是荣誉也好还是耻辱也好，那只能代表过去，最重要的是他的现在和将来，只要你从现在开始决定做你想成为的人并为之努力，你就能成为一个了不起的人。”

菲拉的这番话，改变了这26个孩子一生的命运。其中，就有今天华尔街最年轻的基金经理人——罗伯特·哈里森！

的确，菲拉老师的话是正确的，过去的生活，不管如何辉煌或暗淡，都随着时光如流水般逝去。要知道，羁绊于过去，是很难洒脱地走向美好明天的。一个人，只有学会放下对环境的坏情绪，适应环境，才能有意识地改变自己，最终改变命运。

在现代企业里，总是有一些人对工作抱有消极倦怠的态度，对待工作总是能拖就拖，要问到为何不积极工作，他会反驳：“底层员工，就这么点薪水，没热情努力工作。”那么，既然如此，为何不努力工作，成为你羡慕的高层管理者？又如，一些人抱怨自己经济能力差所以生活窘迫，那么为何不努力改善经济状况？其实，归根结底我们还是要记住一句话：你改变不了环境，但你可以改变自己；你改变不了事实，但你可以改变态度。

王明是一位留美的计算机博士，毕业之后，他打算在美国找工作。拿着自己的各个证书，以及一些在学校所获得的奖章，他四处奔波。可是，两三个月过去了，他还是没有找到合适的工作，因为所有他所选择的公司都没有录用他，而那些愿意录用他的公司却又是自己瞧不上的。他没有想到，自己堂堂一个博士生，居然沦落到高不成低不就的尴尬处境。思前想后，他决定收起自己所有的证书与奖章，以一种最低的身份前去求职。

没过多久，他就被一家公司录用为程序输入员，这份工作相当简单，对一个博士生来说简直就是大材小用。但王明并没有抱怨什么，即使是最简单的工作，他依然干得一丝不苟。这样干了一个多月，上司发现他能迅速看出程序中的错误，这可是非一般的程序输入员可比的，这时候，王明向上司亮出了学士证，上司知道了他的能力，马上给他换了一个与大学毕业生相当的职务。又过了一个月，上司发现他经常能够提出一些独到的、有价值的见解，远远比一般大学生要高明。这个时候，王明又亮出了硕士证，上司又立即提升了他的职位。再过一个月，上司觉得他还是跟别人不一样，就开始有意识地询问他，这时候，王明才拿出了自己的博士证，上司对他的能力有了全面的认识，毫不犹豫地重用了他。

当王明陷入了找工作的困境，他收起了自己所有的证书，作为一个最普通的人去应聘，并获得了一份工作。我们可以想象，一个有着博士学位的人，做一份程序输入员的工作，那该是多么隐忍。但王明忍耐了下来，他在等待机会，终于，上司开始发现他深藏不露的能力，渐渐地重用他，最终他获得了自己应有的待遇，发挥了自己应有的价值。

总之，任何不满意现在状态的人都必须要懂得：多改变自己，少埋怨环境。正如一句名言所说：“如果你认为你处在恶劣的环境中，那么请好好地修炼，练好内功，等待爆发的日子。”

及时发现自己的问题，并加以改进

社会生活中的每个人，自打出生起，都在不断认识世界、接受外在世界赠予我们的一切，我们学会了很多，包括科学文化知识、审美、与人相处等，但这个过程都是被动的，我们很少真正地反省自己以获得进步。

同样，每个渴望成功的人，自身也存在一些不足，你若能及时发现自己的问题，扬长避短，并加以改进，那么便能更好地进步。自省才能不断磨砺心智。的确，很多人的成功，首先得益于他们充分了解自己的长处，知道自己的短处，然后根据自己的特长来进行定位或重新定位。

日本“推销之神”原一平这样说：“赤裸裸地注视自己，毫无保留地彻底反省，然后才能认识自己。”我们任何一个人，在为自己定位前，除了要发现自己的优势，还要看到不足，只有综合发展，才能不断提高自己。

倘若有一个木桶，沿口不齐，那么，这个木桶盛水的多少，不在于木桶上最长的那块木板，而在于最短的那块木板。而要想提高水桶的整体容量，不是去加长最长的那块木板，而是要下工夫依次补齐最短的木板。此外，一只木桶能够装多少水，不仅取决于每一块木板的长度，还取决于木板间的结合是否紧密。如果木板间存在缝隙，或者缝隙很大，同样无法装满水，甚至一滴水都没有。这就是著名的“木桶定律”。

这是个简单得不能再简单的现象，然而往往越简单的现象总会饱含更深层的道理。同样，任何一个人的身上，总会有缺点，这些缺点正如这个木桶上的短板。而作为人们自身，在察觉到这一问题后，若听之任之，那么，你的成长就会受到影响，综合能力不但得不到提升，反而会每况愈下。而事实情况是，日常生活中，我们既不可能每时每刻去反省自己，又不可能站在一定的高度、以局外人的身份来观察自己，于是，我们只能以外界信息和他人的眼光来认识自己，于是，你的思维很容易受到外界信息的暗示，接下来，你很可能会迷失。

我们先来看看富兰克林的故事：

富兰克林并不是出身官宦之家，相反，他小的时候，家里很穷。他也只在学校读了一年书后就不得不出去工作，但童年的艰辛并没有磨灭他的理想和意志，反而激励他更加努力。最终，他成功了，他成为美国人心中杰出的政治家和外交家。其实，富兰克林并不是天才。那么，除了刻苦勤奋外，他是不是还有什么成功的秘诀呢？事实上，在富兰克林的身上，有一种非常重要的品质，那就是经常独处、反省自己。正是这种品质，促使他不断地发现自己的缺点，不断改进，成为一个拥有很多美德的人，最终走向成功。

每天晚上，富兰克林都会问自己："我今天做了什么有意义的事情？"他检讨自己的缺点，发现自己有13个严重的缺点，而其中最为严重的是，喜欢与人争论、浪费时间、总被小事扰乱心绪，他通过深刻的自我检讨认识到：如果要成功，就一定要下决心改造自己。

于是，他设计了一个表格。表格的一边写下自己所有的缺点，另一边则写上那些美好的品质，如俭朴、勤奋、清洁、谦虚等。他每天检查。反省自己的得与失，立志改掉缺点，养成那些美德。这样持续了几年，他终于成功了。

从这个故事中，我们也不难发现，让自己安静下来，学会在寂寞中反省，是提升自己的最好方法，它还能让我们看清自己，看到自己的不足，甚至找到人生的目标。

生活中的你们，也应该安静下来问自己，你到底是在不断提升自己，还是只顾面子，不肯跟自己"摊牌"呢？或许有正直不阿的指导者，曾经指出你身上存在的问题或闪光点，但可能你根本不愿意承认这点，因为你不愿意让他人看透自己。

所以，一切注重灵魂生活的人对于卢梭的这句话都会有同感："我独处时从来不感到厌烦，闲聊才是我一辈子忍受不了的事情。"这种对于独处的爱好与一个人的性格完全无关，爱好独处的人同样可能是一个性格活泼、喜欢交朋友的人，只是无论他怎么乐于与别人交往，独处始终是他生活中的必需。

总之，我们只有学会倾听自己内心真实的声音，才可能不断挖掘出自身发展过程中不足的部分。面对激烈的竞争，面对瞬息万变的环境，那些不愿意反省自己或者不愿意及时改正自己错误的人，必将面临衰败的结局。同时，在快节奏的信息社会中，一个人如果不能及时察觉自身的缺点，不能用最快的速度修正自己的发展方向，也必然会在学业和事业中落伍，被无情的竞争所淘汰。

怨天尤人，不如增强自己的实力

一个人看到别人得到机会，能够一展所长，往往会觉得委屈，怨天尤人。抱怨上天对自己不公平，给的机会太少；抱怨父母没有人脉，没有关系网，不能给自己创造更多的条件；抱怨领导不懂得赏识自己，抱怨“千里马常有，而伯乐不常有”。其实，所有的抱怨都是没用的，只有不断努力增强自己的实力，从这些不如意中找到属于自己的契机，才有可能获得成功。

一个成熟的人，懂得怎样做才能对自己的前途有帮助，怎么做才能不断进步，怎么想才可能让自己的情绪推进工作进展，怎样才能为自己创造更有利的条件。而不是一味抱怨，抱怨只能让自己的情绪更加低落，让自己更加看不到未来，让自己的心灵更加扭曲。成熟理智的人会清醒地分析别人是怎样成功的，会观察自己还缺少哪些成功要素，无论面临怎样的环境，他们都会一如既往地努力，不放弃，做好自己，最终才能获得成功。

面对困厄，孟子曾说："故天将降大任于是人也，必先苦其心志，劳其筋骨，饿其体肤，空乏其身，行拂乱其所为，所以动心忍性，曾益其所不能。人恒过，然后能改。困于心，衡于虑，而后作。"无论他的观点怎样，我觉得这种想法非常积极。当他感觉郁郁不得志的时候，并没有抱怨上天降给他的困难，而是认为这是上天对他的考验，是上天要增加他所不具备的才能。如果能够这样想，对自己的事业、人生都是有很大的好处的。

一个人想要轻易地成就自我几乎是不可能的事，人生能够达到怎样的高度，最终取决于他的实力，这些实力包括他的做事能力、交际能力、心理承受能力、财商和财力等。如果能够在这些方面都做得非常好，即使这次机会不属于你，最终也会来到你身边，让你成就更大的事业。

人生就像一场战争，最初的战役你还可能凭着机智灵活的战术，凭着运气和环境取得胜利，而最终谁胜谁负则要看整体的实力。成就自我最关键的就是不断增强自己的实力，这样才能够实至名归，而不用担心自己走得太过虚浮、赢得太过危险。如何经营好自己的一生，是人们整个人生中都应该思索的问题，尤其是年轻人更应该对此有清醒的认识。

1.提高自己的做事能力

无论有多少人帮你，无论你有怎样的好运气，如果你是个“扶不起来的阿斗”，就算别人想赏识你、提拔你，恐怕也无能为力。现在，很多大学生喜欢边学习边工作来提高自己的能力。他们认识到自己的社会经验不足，因此在薪酬方面要求也不高。各企事业单位的人力资源部门都非常欣赏这样的年轻人，觉得他们更有培养发展的空间。当然，在职工作人员也可以从现在做起，注重学习、提升，同样也能提升自己的做事能力，获取更大的发展空间。

能力的提升就靠两点：一点是来自实践，就是在工作中不断总结经验。这就要求你在工作中多做事，请求机会，参加重要的项目，用心做事，多动脑筋，在实践中验证和提升自己的能力，不断积累经验，提高创新能力；另一点是来自学习，只有不断地学习，才能不断提高自己的能力，提高自己的综合素质。在工作中认识自己的不足，通过不断学习来更好地弥补和提高自己是一条很好的途径。学习有很多方式，专业系统学习可能要花费更多的时间和精力，如无必要或者单位不支持，就应采取其他方式。例如业余时间看书自学，生活工作中学习总结，在与人相处时，相互学习、讨教等，和成功的人多多相处，你会有很丰厚的收获。

2.学会做人

做人到位，一切就会自然天成。无论有多少交际的经验和技巧，都要建立在做人的基础上，如果你人格方面有缺陷，就算掌握再多技巧，充其量也不过是一个善于“巧言令色”的小人罢了，别人怎么可能看重你，给你机会？

做人，重要的是学会换位思考，站在别人的立场和角度上去考虑问题，一切就会迎刃而解，这就是与人相处的所有智慧。

3.责任心

一个人如果说话、做事不负责任，就会给人轻浮的感觉。如果他对自己的公司、家庭、事业都没有责任心，没有忠诚度，那么他就会有信任危机。老板、周围的朋友和家人都不信任他，他怎么会有更好的发展？我相信没有任何一个单位会把那些不负责任的人、没有忠诚度的人放在一个重要岗位。

用乐观去感染周围的人，有一个教授曾讲过：“心里装着天使你就是天使，心里装着阳光你就是阳光，心里装着魔鬼你就是魔鬼，心里装着邪恶你就是邪恶。”一个乐观的人能够影响周围的朋友和家人，让他们每一个人心里都充满阳光，在积极的人生中实现自我价值，这样的人，是没有人不欢迎的。

这些就是一个人的实力，如果你在这些方面做得都足够好，那你就不用去羡慕周围的人有多少机会，不用怨天尤人。因为这些实力迟早会把最有利的时机带到你的面前，那时候成功就是水到渠成的事。相反，如果实力不足，就算有机会、有人脉，你也会因为不堪当大任，最终跌得很惨。

做人做事应该有主见，但也要善听人言

做事应该有主见，但也要善听人言。别人的话，如果正确就应该听信，不能够固执己见，但是听信人言也是应该有原则的，不能偏听偏信，更不能在别人的意见中丢掉自己的主张和意见、丢掉自己应该坚持的信念。

成就自我，首先要相信自己，其次要善于整合众人的智慧，把别人的思想、意见、优点都变成自己的，这样才能在复杂的形势下，对情况有更客观清醒的认识，才能够按规律做事，最终才能有成就。善听人言，最重要的不是不固执己见、听别人的话，而是要弄清楚下面几个问题：听谁的话？相信怎样的预测？怎样听信别人的意见？怎样整合不同的意见？解决好了这些问题，才算“善”听人言，才能够在杂乱而茫然的意见中找到一丝头绪，才能对做事有好处。

第一，听谁的意见？听亲朋好友的话？听周围朋友的劝诫？听领导的话？对于一件事来说，往往不同的人有不同的意见，不同的人有不同的处理方法，而各种处理方法的结果却千差万别。如果你没有自己的意见，而茫然听信周围人的话，就可能使自己无所适从，最终事情也做不好。

当你就一件事情征求意见的时候，你最好选择好对象，要听那些做人做事做得比你优秀、比你成功的人的话。最好听取他们的意见，因为一个人做事成功，肯定有自己一套与众不同

的为人处事的方法，这些规律和方法使他们的决定更靠近客观情况和事实真相，最终变得更优秀、更成功。

向他们请教，往往能够得到很好的办法，给你不少启发和指导。

当然“智者千虑，必有一失”，除此之外，你还应该听听那些与他们看法不同，但同样很优秀的人的意见。这些相左的意见会给你很多启发，或者教你在看到事情积极一面的同时意识到风险，对你做决定有很大的助益。

第二，遇到相左的意见怎么办？你的做法就是要先坚持己见，然后找到理由来支持你的想法，找到的理由越多、越客观、有越多的事实根据，你做的决定越正确。

而如果别人找到了更多的理由和事实依据来反对你的意见，你就要注意了，这说明你做的决定正处在一个极大的矛盾当中，既有很大的可行性，又有极大的风险。要知道在某个新行业的最初阶段，总是高收益和高风险并存的。你既要坚持可行，又要避免风险，还要衡量收获和风险哪个更多一些，你是否能承受，就算能承受，也要准备好遇到阻力后可以实施的第二套、第三套方案。

如果感觉自己的决定似乎欠妥时，就要更加谨慎，听取更多人，更优秀人的意见，最终用事实来说话。不要盲目地“少数服从多数”，也不能坚持“真理掌握在少数人手里”，如果可能，要听取更积极的意见，用最谨慎的态度来做有风险、有矛盾的事。就算失败了，也要总结好经验，看看哪个环节出了错误，不能一味否决当初的决定。

第三，怎样整合不同的意见？每个人对事情都有不同的看法，可能你决定一件事的时候，周围人都会通过不同的方法来反映他们的意见。

你有必要确定一个最终要达到的目标，有一个大概的方向和方略，围绕大概的方略，听取各方面的意见。方向必须是明确的，环节可以补充，当然这是在大方向正确的前提下进行的。反对意见也可以作为一种防范措施，支持意见可以积极采取，补充意见有必要采纳。这就是集众人智慧于一体、招贤纳谏的真正做法。既不要偏听偏信，也不要坚持己见，让事情按照最接近客观规律的方法来做，用最积极的态度来完成，就是最好的做事方法。

做事情不要固执己见，如果别人能够提出更好的方法，那就不妨听取别人的意见。古代的贤君每个人身边都是有众多“谋士”的，如果能够听取别人的正确意见，那也会聚集更多的智慧，把事情处理得更加完美。“走自己的路，听别人的话”才能有更大的成就，坚持相信自己并没有错，但是相信更多的事实，采取更多的防范措施，不是可以使自己做的事情有更多的保障、有更好的准备吗？

固执己见常常是刚走上社会的年轻人身上的一块硬伤，只有当你慢慢变得更加成熟、更加圆融，才可能考虑得更周到、更严密，最终才能体会到“三人行，必有我师焉”的含义，做事才能更严谨，更接近完美，在这之前“善听人言”的心态就是一种成熟、思虑周密的好心态。

适时的鞭策能使自己不断地前进

一匹再懒惰的马，只要身上有马蝇叮咬它，它也会抖擞精神，飞快地奔跑。这就是心理学中著名的“马蝇效应”。“马蝇效应”告诉我们，适时的鞭策能使自己不断地前进，获得成功。一个人只有被叮着咬着，他才不敢松懈，才会努力拼搏，不断进步。

有时候，我们会满足于现状，不思进取；有时候，我们会自暴自弃，甚至破罐子破摔。通常情况下，越是有能力的人越容易自负，因为他的内心有着强烈的占有欲，如果任由这样的情况发展下去，他就会被自满吞噬，安于现状、不思进取；还有的人遭遇了一点点挫折就松懈了，丧失了生活的希望，自暴自弃。其实，在这些时候，我们都需要利用“马蝇效应”来鞭策自己，赶走身上的自负与骄傲、畏惧与自卑，激励自己，勇往直前，迎接人生新的一天。

1860年大选结束后，林肯当选为美国总统，他任命参议员萨蒙·蔡思为财政部长，蔡思非常有能力，但是，他狂热地追求最高领导权，而且嫉妒心很强。本来蔡思想进入白宫，但是林肯当选了总统，于是他不得不退而求其次，想当国务卿，但是林肯任命了西华德，蔡思只好坐了第三把交椅，他对此怀恨在心。一天，巴恩看见萨蒙·蔡思从林肯的办公室出来，巴恩对林肯说："你不要将此人选入你的内阁。"林肯问道："你为什么这样说？"巴恩回答道："因为他认为他比你伟大得多。"林肯恍然大悟："哦，你还知道有谁认为自己比我要伟大的？"巴恩回答："不知道了，不过，你为什么这样问？"林肯说："因为我要将他们全部收入我的内阁。"

后来，《纽约时报》的主编亨利·雷蒙特拜访林肯的时候，特地告诉林肯，蔡思正在狂热地上蹿下跳，准备谋求总统职位。林肯以自己特有的幽默方式告诉雷蒙特："你不是在农村长大的吗？那么你一定知道什么是马蝇了。有一次，我和我的兄弟在肯塔基老家的一个农场犁玉米地，我吆马，他扶犁，这匹马很懒，但有一段时间它竟在地里跑得飞快，连我这双长腿都差点跟不上。到了地头，我发现有一只很大的马蝇叮在它身上，于是，我就把马蝇打落了。我的兄弟问我为什么要打掉它，我回答说，'我不忍心让这匹马那样被咬。'我的兄弟说：'哎呀，正是这家伙才使马跑起来的嘛！'"讲完了故事，林肯意味深长地说："如果现在有一只叫'总统欲'的马蝇正叮着蔡思先生，那么只要它能使蔡思的那个部不停地跑，我就不想去打落它。"

林肯所提出的“马蝇效应”被许多人运用到公司或企业的管理中，但不要忘了，管理好了自己才能有效地管理别人。在日常生活中，我们也需要利用好“马蝇效应”，适时鞭策自己，使自己努力向前。林肯以“欲求”叮着蔡思先生，其实，每个人对生活都有各种不同的欲求，有的人注重精神方面的追求，如荣誉、地位；有的人比较注重物质，如金钱。

对于我们自己来说，最大的欲求就是梦想了，在人生的道路上，我们要以“梦想”这只马蝇来叮着自己、激励自己，让自己这匹“马儿”欢快地跑起来。

明末清初的一天夜里，小偷潜入了史学家谈迁的家里，但是，小偷发现谈迁家里空荡荡的，根本没有什么值钱的东西。正当小偷失望的时候，他一眼瞥见了屋子角落里有一个锁着的竹箱，小偷如获至宝，以为里面装着值钱的财物，就把整个竹箱偷走了。其实，那个竹箱里并没有什么值钱的东西，而是谈迁刚刚写好的《国榷》，对小偷来说，这东西一文不值，而对谈迁来说，却是珍贵的书稿。

20多年的心血化为了乌有，这对谈迁来说，是一个致命的打击。他已经年过半百，两鬓花白，似乎无力坚持下去了。但是，谈迁没有放弃，他不断地鞭策自己：再写一本将会更精彩。在强大信念的支撑下，谈迁从痛苦中崛起，重新撰写那部史书。10年以后，又一部《国榷》诞生了，新写成的《国榷》104卷，约430万字，而内容比之前的那部更精彩、翔实，谈迁也因此名垂青史。

小偷在无意之间做了那只“马蝇”，促使谈迁鞭策自己，重新撰写了《国榷》这部史书。或许，正是因为再一次的仔细撰写，才使得《国榷》更精彩，而谈迁也名声大振。生活有时候就是这样，总是有意无意地影响着我们，然而，只要不停止对自己的激励，我们就永远都有再站起来的那一天，成功也从来不曾离我们而去。

无论如何，生活还是要继续，我们停止了前进的步伐是因为我们内心已经松懈、倦怠，所以，要适时鞭策自己，不断地鼓励自己，前方就是成功之路。只要我们不断地提醒自己、激励自己，我们就会像那匹被马蝇所叮的马儿一样，越跑越快，最终能够将心中的梦想变成现实。

参考文献

[1]卡耐基.做内心强大的自己[M].北京：新世界出版社，2012.

[2]墨墨.修心：做内心强大的自己[M].北京：北京理工大学出版社，2012.

[3]刘素平.做一个内心强大的人[M].南昌：江西人民出版社，2016.

[4]冯晓霞.精进:如何成为一个内心强大的人[M].北京：中国言实出版社，2019.